智慧农业项目实践

主　编　袁有义
副主编　薛　莹　王新权
编　者　（按姓氏笔画排序）
　　　　王采薇　王新权　朱青霞　张紫阳
　　　　苗金萍　徐少南　袁有义　薛　莹

中国出版集团有限公司

世界图书出版公司
西安　北京　上海　广州

图书在版编目(CIP)数据

智慧农业项目实践/袁有义主编. —西安:世界图书出版西安
有限公司,2024.3
ISBN 978 - 7 - 5232 - 1127 - 4

Ⅰ.①智… Ⅱ.①袁… Ⅲ.①智能技术—应用—农业技
术—高等职业教育—教材 Ⅳ.①S126

中国国家版本馆 CIP 数据核字(2024)第 047004 号

书　　名	智慧农业项目实践
	ZHIHUI NONGYE XIANGMU SHIJIAN
主　　编	袁有义
责任编辑	王　锐
装帧设计	西安非凡至臻广告文化传播有限公司
出版发行	世界图书出版西安有限公司
地　　址	西安市雁塔区曲江新区汇新路 355 号
邮　　编	710061
电　　话	029 –87285817　029 –87285793(市场营销部)
	029 –87234767(总编办)
网　　址	http://www.wpcxa.com
邮　　箱	xast@ wpcxa.com
经　　销	全国各地新华书店
印　　刷	陕西华彩本色印务有限公司
开　　本	787 mm ×1092 mm　1/16
印　　张	13.5
字　　数	304 千字
版　　次	2024 年 3 月第 1 版
印　　次	2024 年 3 月第 1 次印刷
国际书号	ISBN 978 –7 –5232 –1127 –4
定　　价	78.00 元

教材编审委员会名单

主任委员

马国福　马文林　姚静婷

顾　问

赵得林　马　倩　马鸿荣　王学江

成　员

（按姓氏拼音排序）

董永森　　范月君　　冯秉福　　郝　佳　　蒋含伟　　景建武
李建斌　　李永金　　李志伟　　马啟皓　　屈海珠　　盛庭岩
陶赛青花　王晓蒙　　王新权　　王　源　　肖玉凯　　徐少南
赵建中　　钟彩庭　　朱　倩

项目来源

国家专业技术人员继续教育基地建设项目

2021 年度职业院校农技推广服务体系构建与实践项目

青海省昆仑英才·教学名师项目

青海省农业农村厅创新工作室项目

前言
Foreword

党的二十大报告指出，要"全面推进乡村振兴，坚持农业农村优先发展"，要"加快建设农业强国"。智慧农业就是物联网技术在农业方面的应用，它将物联网技术用于传统农业生产，运用传感器实时监测农业生产各种环境数据，运用通信技术将这些数据上传至本地和网络云平台，通过本地计算机平台、网络云平台、移动终端等方式展示采集的环境数据并对农业生产进行控制，使传统农业更具"智慧"。智慧农业融合了传感器技术、通信技术、互联网技术、射频识别技术、卫星遥感技术、定位追踪技术等现代技术，在我国全面推进乡村振兴战略，实现农业现代化的进程中发挥着重要支撑作用。它通过获取农产品生产、流通和消费环节大量相关数据，实现农业精准生产、农业监测预警、农产品质量追溯，从而提高农业产业发展的高效性、稳定性和持续性。

本教材内容按"理实结合"原则设计，分为上、下两篇。

上篇共三章，主要讲述农业物联网的基本概念和架构、智慧农业常见传感器、农业信息感知技术、农业信息传输技术等基本常识。

下篇共三个项目，主要讲述三种典型智慧农业场景，即农业气象站系统、智能温室系统、智能灌溉系统的项目具体实践操作，包括各系统涉及的传感器、LoRa节点、网关等设备的安装和调试步骤，在物联网云平台上创建产品、创建设备、创建场景联动操作步骤，利用阿里云IoT Studio编辑Web可视化、移动应用可视化、钉钉告警消息推送等操作步骤。

本教材适用于高职高专物联网应用技术相关专业学生学习或参考，也可用于农业物联网技术人员、现代农民操作技能培训。

因编写时间较短，编者水平有限，书中难免存在一些错漏，敬请读者批评指正，以便修订时改进。

袁有义

2024年1月

目 录
Contents

上 篇

下 篇

上　篇

第一章

智慧农业系统

当前，我国正在全面推进乡村振兴战略，"三农"问题(农业、农村、农民)的解决依然是当前最艰巨、最繁重的任务。在中国共产党的领导下，我国的第一产业——农业正由传统农业朝向现代农业做重要转型。党的二十大报告中指出："构建优质高效的服务业新体系，推动现代服务业同先进制造业、现代农业深度融合。加快发展物联网，建设高效顺畅的流通体系，降低物流成本。""坚持农业农村优先发展，坚持城乡融合发展，畅通城乡要素流动。加快建设农业强国，扎实推动乡村产业、人才、文化、生态、组织振兴。全方位夯实粮食安全根基，全面落实粮食安全党政同责，牢牢守住十八亿亩耕地红线，逐步把永久基本农田全部建成高标准农田，深入实施种业振兴行动，强化农业科技和装备支撑，健全种粮农民收益保障机制和主产区利益补偿机制，确保中国人的饭碗牢牢端在自己手中。树立大食物观，发展设施农业，构建多元化食物供给体系。"报告中提到了"现代农业""物联网""设施农业"等新名词、新技术，大家有可能都没听说过。而"物联网＋现代农业"这种技术与服务对象的组合，也迎来了难得的历史机遇和发展环境，由此有专家提出了一个新的概念词——农业物联网。在建设现代化农业产业体系上，物联网的技术优势开始爆发。

职业农民每到春耕时节，都考虑今年该种点什么？种下去后市场价格如何变化？能不能挣上钱？职业牧民也考虑动物该如何科学养殖？如何保障产犊(羔)成活率和成体数量？市场价格如何变化？辛辛苦苦一年，能不能挣上钱？绿色、无公害的蔬菜销往何处？如何保鲜？这些都是农业生产经营者经常关心的问题。农业生产经营者不但要懂相应的生产技术，而且还要会经营农业产品。经营农业产品，最好是能保证自己生产的农产品质量上乘，价格实惠公道。农业生产者每年都要通过研究分析，判断出哪些农业产品有足够的消费市场，因此，就需要农业监测预警手段为供给侧结构性改革提供依据。农业监测预警能够通过数据分析研判、风险评估，更科学、更准确地帮助他们找到问题的答案。要想走出农产品市场大起大落的怪圈，必须加强现代农业监测预警技术能力建设。

尽管我国农业生产总量在不断增加，生产水平在不断提升，农业风险并没有下降，反而因为农业发展新阶段带来的生产要素叠加、产业链拉长、品种联动性增强，使得农业风险更大，管理复杂性急增，以经验为主进行农业管理的方式显然不能适应需要。

农业物联网技术就是在帮助农业生产经营者完成农业监测预警，就是围绕农产品生产环节、流通和消费环节对大量相关数据完成获取，包括作物信息（比如作物品种、产地）、农田环境信息、运输信息（比如农产品冷链运输车辆牌照、运输车驾驶人）等农产品安全可追溯信息，实时掌握农情农况行情，准确判别产业状况，通过综合分析各种数据和指标，对农业产业进行评估。农业物联网能够提供多方面数据，包括农作物生长情况、市场需求变化、气候影响、资源供给等方面的数据，可以帮助农业生产经营者判断产业的健康状况。同时，可以通过调研和问卷调查等方式了解农民的生产情况和意见反馈，从而综合判断产业的实际情况。农业物联网能够准确识别风险警情，通过分析农业生产过程中的潜在风险因素，如气候灾害、病虫灾害等，可以预测可能出现的风险事件。同时，农业物联网可以根据历史数据和市场动态，对农产品价格波动、市场需求变化等进行分析，及早发现潜在的市场风险；及时依靠预警判断，通过建立科学的预警机制，及时获取农业相关信息，并进行分析和评估，可以准确判断可能出现的问题和风险。例如，通过搭建气象监测网络，及时收集气象信息，对可能出现的灾害进行预警；通过建立农产品产销对接平台，及时掌握市场信息，提前调整生产计划和销售策略。农业物联网还能提高农业管理服务能力，及时提出管理与应急措施。例如，在出现气候灾害时，可以及时调整农作物品种选择和种植时间，采取灌溉和保护措施等；在市场需求下降时，可以进行市场推广和产品创新，开拓新的销售渠道等。同时，农业物联网能够建立应急预案，对可能发生的突发事件进行预先规划，包括危机管理、资源调配、应对措施等，以便在危机发生时能够迅速应对和解决。通过正确运用农业物联网技术，使农业产业发展更加高效、稳定、持续。

农业涵盖农、林、牧、渔。农业以各种农作物的种植为大类，主要分为七大类：粮食作物、经济作物、蔬菜作物、果类、野生果类、饲料作物、药用作物。林业也涵盖林学、森林保护、园林等。牧业也分为四大类：牲畜（牛、马、猪、羊、骆驼、其他牲畜）饲养，家禽（鸡、鸭、鹅、其他家禽）饲养，狩猎和捕捉动物，其他畜牧业（兔、蜜蜂、其他未列明畜牧业）。捕捞或养殖水产的行业称为渔业。

有越来越多的农技推广员深入研究农业物联网技术在蔬菜作物生产和畜牧养殖中的具体应用。现在，通过建造温室大棚，并在温室大棚中运用农业物联网技术，就可以对蔬菜作物生产全过程进行农业监测预警，并可以完成周年计划性生产。在温室大棚从事作物生产的这种方式就称为设施农业，即在专门的智能温室大棚中完成蔬菜作物全过程生产。智能温室大棚中应用六项关键设备和关键技术，分别是智能环境控制设备、智能灌溉控制设备（也称水肥一体机）、潮汐灌溉育苗技术（通俗叫无土栽培）、复合栽培基质技术（也可以说无土栽培基质）、熊蜂授粉技术、蔬菜冷链贮藏与运输技术。大家能从这六项关键设备和技术中发现农业物联网的影子吗？那么究竟什么是农业物联网？下面将针对农业物联网的概念、农业物联网系统架构、智慧农业系统等方面一一展开介绍，让大家对农业物联网有一个清晰的认识，通过在农业领域中运用农业物联网技术，智慧农业系统才可得以实现。

第一节　农业物联网的基本概念

物联网（internet of things，IoT）最早是由美国的马萨诸塞州理工学院（Massachusetts Institute of Technology，MIT）教授艾斯顿（Ashton）在 1999 年研究射频识别技术（radio frequency identification，RFID）时提出的，随着世界各国政府对物联网行业的政策倾斜和企业的大力支持与投入，物联网产业被急速的催生。根据国内外的数据显示，物联网从 1999 年至今进行了很大的发展，渗透进每一个行业领域。可以预见到的是越来越多的行业领域以及技术、应用会和物联网产生交叉，向物联方向转变优化已经成为时代的发展方向。

物联网技术被公认为是继计算机、互联网与移动通信网之后的世界信息产业新一轮浪潮的核心领域，也是第四次工业革命的核心数字化技术之一。物联网是以感知为前提，实现人与人、人与物、物与物全面互联的网络。在这背后，则是在物体上植入各种微型芯片，用这些传感器获取物理世界的各种信息，再通过局部的无线网络、互联网、移动通信网等各种通信网络交互传递，从而实现对世界的感知。

传统农业，浇水、施肥、打药，农民全凭经验、靠感觉。如今，设施农业生产基地，看到的却是另一番景象：瓜果蔬菜该不该浇水？施肥、打药，怎样保持精确的浓度？温度、湿度、光照、二氧化碳浓度，如何实行按需供给？一系列作物在不同生长周期曾被"模糊"处理的问题，都有信息化智能监控系统实时定量"精确"把关，农民只需按个开关，做个选择，或是完全听"指令"，就能种好菜、养好花。

一、农业物联网的概念

农业物联网是将物联网技术应用于农业领域的概念。它通过将传感器、无线通信、云计算和大数据分析等技术与农业生产相结合，实现农业生产环节的智能化、数字化和自动化，提高农业生产效率、降低资源消耗，实现可持续发展。李道亮教授提出："物联网技术就是运用各类传感器、射频识别技术、视觉采集终端等感知设备，对农业系统中生产环境要素、动植物生命体特征、农业生产工具等信息进行感知，广泛采集大田种植、设施农业、畜禽养殖、水产养殖、农产品冷链物流等领域的现场信息，充分利用无线传感器网络、5G 电信网和互联网等多种现代信息传输通道，并根据事先定义好的协议进行信息交换和通信，以实现对农业生产过程智能化识别、定位、跟踪、监控和管理的一种信息化网络。"

农业物联网可以实现对农作物生长环境、土壤湿度、气候变化等多个方面进行实时监测和控制。通过安装在农田中的传感器和设备，可以定期收集和传输数据，如土壤温度、湿度、光照强度等，再利用云计算和大数据分析技术对这些数据进行处理和分析。根据分析结果，农民可以做出相应的决策，如调整水量、施肥量等，以提高农作物产量和质量。农业物联网"人－机－物"一体化互联，可帮助农民以更加精细和动态的方式认知、管理和控制农业中各要素、各过程和各系统，极大提升了农民对农业动植物生命本质的认知能力、农业复杂系统的调控能力和农业突发事件的处理能力。中国是一个农业大国，随着科技和农业生产技术的进步，我国农业生产规模在不断扩大，但在农业生产自动化、精细化水平方面还不够理想。因此，通过农业物联网技术的应用，提高农产品质量、生产效率和产品竞争力成了时代发展的需要。

此外，农业物联网还可以在农产品的生产、加工、流通和销售等环节提供智能化解决方案。通过物联网技术，可以实现对农产品的追溯和质量控制，保证产品的安全性和可追溯性。同时，农业物联网还可以提供农业机械的远程监控和故障预警，提升农机的使用效率和安全性。

总之，农业物联网的概念是利用物联网技术改进农业生产过程，从而提高农业生产效率、减少资源消耗，并实现农业可持续发展的目标。

最典型的农业物联网技术应用是在温室大棚控制系统中，运用物联网技术实现温室大棚内的环境信息采集、设备远程自动控制等。通过各种传感器，如温湿度传感器、土壤酸碱度传感器、照度传感器、土壤水分温度电导率传感器等设备检测环境中的温度、相对湿度、土壤酸碱度、光照强度、土壤中水分含量、土壤中电导率等参数，通过各种仪器仪表实时显示或作为自动控制的参变量参与到自动控制中，保证农作物有一个良好、适宜的生长环境。远程控制的实现使技术人员在办公室就能对多个大棚的环境进行监测控制。采用无线网络来传输作物生长的实时参数，可以为温室精准调控提供科学依据，达到增产、改善品质、调节生长周期、提高经济效益的目的。

二、农业物联网的优势

（一）提高生产效率

农业物联网技术可以通过传感器监测土壤湿度、温度、光照等环境指标，并通过云计算和大数据分析，为农民提供精准的农业管理建议，提高农业生产的效率和产量。

（二）节约资源

世界人口激增，许多发展中国家为发展本国农业、工业及经济而不加考虑，随意排放温室气体，地球臭氧层破坏问题已经形成，地球的温室效应带来的恶果越加明显。南极、北极、青藏高原冰川融化，使全球海平面上升，威胁沿海海拔较低的国家或经济较发达的地区。厄尔尼诺现象可能使得极端天气出现频率增加，如干旱、洪水、极端气温等，影响生物生存。低纬地区可能降水减少，对农业影响较大。地球的温室效应影响着全球生态系统，改变生态环境而加快生物灭绝速率。而我国也已经不能再走先发展后治理的老路了，也不能为了发展经济而去破坏生态环境。所以我们要在发展的过程中，节约现有的、有限的资源，落实"生态优先"的理念。农业物联网技术可以实现精准施肥、合理用水等精细化管理，避免资源浪费和环境污染，提高资源利用效率，所以通过现代物联网技术就可大幅度提高土地的利用率，利用智能温室、垂直农场或垂直农园进行作物种植，都极大地提高了单位面积的产能。

（三）节省人力成本

节省人力成本，就是通过智能的设备进行监测、远程控制，从而实现农业的智能化管理。在未来，一个人管理上千亩土地，上百个鱼塘这都将不再是奢望。互联网的普及与应用，大大地减少了在农业中的人力成本投入。

（四）促进农产品追溯和食品安全

农业物联网技术可以实现农产品的追溯，通过智能标签和区块链技术记录农产品的生产和流通信息，提供消费者可信赖的食品安全保障。农户通过农业物联网，不仅可以监测到农作物的生长情况，还可以了解外部市场的农产品需求与消费者直接对接，从而实现按需生产的订单农业。农业物联网技术可以实时监测和控制农产品的生长环境，提供精确的灌溉和施肥方案，从而提高农产品的品质和口感。如果说提起食品安全，意见最大的就是我们的消费者了。而在农产品的销售当中，食品是否安全也成了最大的一个关注点点，消费者们迫切的需求更安全、健康、绿色的食品。

（五）预防疫病和灾害

农业物联网技术可以提前监测和预警农田中的病虫害和自然灾害，及时采取措施进行防治，减少农作物的损失。

总之，农业物联网技术能够提升农业生产的效率和质量，节约资源，预防病虫害和灾害，同时改善农产品的安全性和可追溯性。这些优势有助于推动中国农业的可持续发展。

第二节　农业物联网架构

一、农业物联网系统架构

农业物联网系统构架主要由三层结构组成，如图 1-2-1 所示，分别为感知层、传输层和应用层。感知层主要通过各类传感技术及装置获取空气温湿度、降雨量、光照辐射、二氧化碳、土壤墒情（即土壤中水分含量）、土壤中电导率等作物环境信息，以及作物株高、叶片形态、茎秆径流大小、光合呼吸状态、病虫害情况等作物生长信息。传输层是感知层与应用层之间的桥梁与纽带。在传输层，作物环境信息及作物生长信息通过低功耗广域网（Low Power Wide Area Network，LPWAN）、广域网（Wide Area Network，WAN）、局域网（Local Area Network，LAN）等无线方式或有线方式传输到应用层。需要注意，组成低功耗广域网的无线技术主要有 LoRa；组成广域网的无线技术主要有 3G/4G/5G 网络；组成局域网的无线技术主要有 2.4 GHz 的 WiFi、蓝牙（bluetooth）、蜂舞协议（Zig Bee）等。应用层主要实现作物各种信息的可视化及其与农业专业领域技术的深度融合，构建基于物联网的生产管理服务平台，为作物田间生产管理提供决策依据，实现农业生产过程的远程、实时、精准、高效管理。

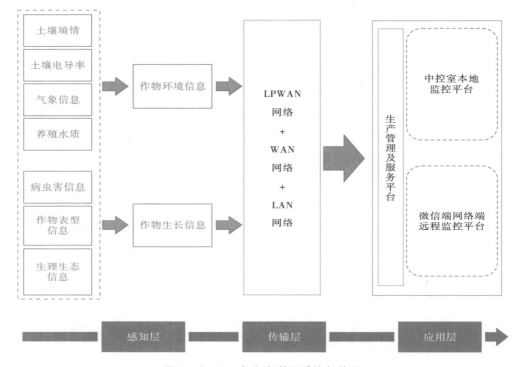

图 1-2-1　农业物联网系统架构图

二、作物环境信息感知及控制

作物生长过程中，生长环境为植物的生长提供水分、空气、阳光、养料、适宜温度等必需条件，同时作物依赖于特定环境，离开适宜生长环境，会造成长势不佳、病虫害、产量低等后果。因此，为作物提供适宜的生长环境是影响其产量、质量的关键因素。之前提到过的设施农业，即农业温室大棚可以为作物提供可调节的适宜环境。我们要实现农业温室大棚设施环境可调节，就需要应用适合于温室大棚的农业物联网专用传感器，利用传感器工作对大棚设施环境信息进行采集和控制。大棚设施环境信息采集硬件包括主机、土壤 pH 传感器及一体式气象站传感器（图 1-2-2），可以采集大棚设施环境信息包括空气湿度、光照强度、空气温度、土壤酸碱度等。

图 1 - 2 - 2　土壤 pH 传感器及一体式气象站传感器

　　采集到设施环境信息后，需根据设施环境决策策略模型，结合温室环境综合调控软件，通过对环境信息的综合分析处理，及时合理的发送控制指令。如图 1 - 2 - 3 所示的智慧农业云服务机柜，在机柜内具有控制模块、交流继电器等设备，能自动控制且人工操作温室大棚的保温被、风机、CO_2 施肥机、全自动灌溉施肥一体机等温室设施配套设备的运行，合理调节温室光、温、水、肥等小气候，为作物生长提供优化的生长环境。

图 1 - 2 - 3　棚掌柜智慧农业云服务机柜

　　智慧农业物联网管理平台可视化界面是设施农业的定制化软件（图 1 - 2 - 4），针对性强，灵活性好，具备数据接收、管理、分析、预警服务等功能，实现特性化远程控制。系统监测项目可任意增减，扩展空间无限，传感器种类和数量上没有限制，可根据需求在作物不同生长阶段、不同时期扩增。中心控制室可以通过全屏显示种植区温室大棚的光、温、水、肥等采集数据，也可对大数据进行管理和分析。

图1-2-4 智慧农业物联网管理平台软件界面

三、作物生长信息感知

作物生长发育是作物在不同环境下各种生理生态变化的综合表现。过去设施农业由于缺乏长期实时监测的技术手段，人们往往忽视设施作物生长信息的精细检测，主要通过作物生长环境的优化进行生长条件控制。由于作物生长发育所涉及的因素较多，不可预测性强，仅仅依赖环境信息难以了解其真实的生长发育状况。有效采集作物的生长信息，并与其生长发育环境控制相结合是数字化农业不可缺少的研究内容，只有直接获取植物的生长信息，才有可能准确分析把握作物的营养和生长指标，为调控和基于知识的农业过程管理决策提供必要支撑。作物生长信息包含作物从表型到内部成分的多种参数，主要包括形态信息、生理信息及营养组分信息，可通过不同类型的传感器或仪器设备进行检测。

（一）作物形态信息的检测

国内外针对不同作物品种及形态特征类型，基于 Android 平台和机器视觉技术，研发形成了系列便携式仪器设备，国内公司研制了作物叶片形态测量仪。该测量仪采用先进的图像处理技术，根据叶子特征提取、空间转换、边缘检测原理、形态学等技术综合设计的软件，拍照后，系统可自动计算出面积、周长、叶长、叶宽、病斑、虫损、锯齿面积、虫洞个数并同屏显示。该仪器现已广泛应用于农业领域的田间作物叶面积等形态信息的快速、无损测量。

（二）作物生理信息的检测

作物生理信息的检测，可以利用各种传感器和仪器来测量、监测作物的生理状态和活力。以下是一些常见的作物生理信息检测技术：

1. **光合作用测量** 利用光合作用测定仪测量叶片的光合速率、气孔导度和叶绿素含量等参数，以评估作物叶片的光合效率和生长状态。

2. **蒸腾作用测量** 利用蒸腾仪或土壤水分传感器测量作物叶片的蒸腾速率和土壤的水分含量，以评估作物耐旱性和土壤水分状况。

3. **温度测量** 利用温度传感器测量作物的地表温度和叶片温度，以评估作物的生长和适应性。

4. **声音测量** 利用声音传感器测量作物产生的声音频率和强度，以评估作物的生长活力和健康状况。

5. **植物生长素测量** 利用高效液相色谱仪（high performance liquid chromatography，HPLC）或质谱仪等仪器测量植物体内生长素的含量和比例，以了解植物生长和发育的激素调节机制。

6. **遥感技术** 利用遥感卫星或无人机搭载的多光谱传感器，通过获取植被光谱特征、热红外辐射和植物高度等数据，来评估作物的生长状态、叶绿素含量，以及病虫害的发生情况。

这些技术可以帮助农业和植物科学研究者了解作物的生理反应，优化作物管理措施，并提高作物产量和品质。

（三）作物营养组分信息的检测

作物营养组分信息的检测技术包括以下六种：

1. **土壤检测技术** 通过对土壤样品进行化验分析，可以确定土壤中各种营养元素的含量，如氮、磷、钾等。

2. **植物叶片分析技术** 通过对作物叶片进行化验分析，可以确定植物吸收到的营养元素含量，如氮、磷、钾等。

3. **根际水分析技术** 通过对根区周围土壤水分样品进行分析，可以获得土壤水分状况，从而判断植物吸收水分的情况。

4. **土壤微生物分析技术** 通过对土壤微生物的种类和数量进行分析，可以评估土壤健康状况，从而间接反映作物的营养状况。

5. **遥感技术** 利用遥感卫星获取作物的光谱信息，结合光谱分析技术，可以提取出作物的叶绿素含量、叶面积指数等信息，从而判断作物的营养状况。

6. **快速检测技术** 利用光谱、色度等物理或化学特性，开发便携式或在线侦测仪器，实现对作物中营养元素的快速检测和监测，如近红外光谱仪、电导率仪等。

这些技术可以通过定量分析、标准曲线法等方法进行数据处理，得出作物营养组分的含量和变化情况，为作物的施肥和管理提供科学依据。所以作物营养组分信息主要包括作物的叶绿素含量、含氮量、含水量、抗性等，主要通过光谱技术、热红外技术等构建相应检测模型。目前，国内有相应仪器设备基于新型线性渐变滤光片（Linear Variable Filter，LVF）分光技术采集作物光谱信息，手持式光谱仪不仅可以测量光谱特征曲线，同时计算指定波段的光强，用于实验室、温室或野外条件下测量光强、光质和光谱图。叶绿素含量测定仪内嵌叶绿素、含氮量等预测模型，可测定植物叶绿素含量、叶温两种参数。仪器可自动求取检测指标的平均值，一次操作可同时测定所有参数，实时显示，实现作物营养状况的无损、快速测量。特别是利用叶绿素含量测定仪对叶绿素进行定量分析，可以帮助技术人员指导农户合理施加氮肥，提高氮肥利用率，确保农作物健康、良好的生长发育。

该平台主要是由以下四个部分组成，如图 1-2-5 所示。

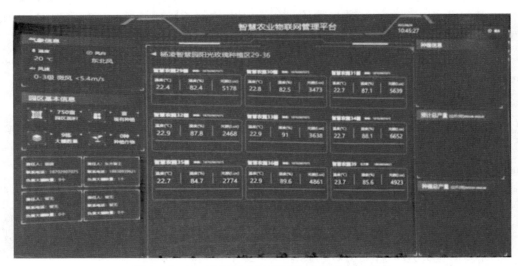

图 1-2-5　智慧农业物联网生产管理服务平台

（1）生产资源管理：统一管理用户手中的土地资源信息（大田、温室、池塘、湖泊、圈舍、牧场等），并将这些土地资源信息与用户人力资源信息进行绑定并分配。通过土地资源树状结构管理及人力资源父子级账号添加的方式实现自顶向下统一管理，提高管理水平。

（2）生产活动管理：主要实现生产计划、生产操作和生产过程统计分析功能。生产计划为用户根据已有的生产资源，对每一个土地资源制订相应的生产计划，每个账户可以制订自己的生产计划，也可以接收到上级制订的生产计划。生产操作模块为用户提供在土地资源上进行的所有操作的记录平台。包括从种植、农事操作、田间管理、收获、贮藏等在土地资源上发生的所有操作记录。详细记录用户在每一次操作时所必需的种质资源、人力资源、农资资源、农机资源、时间成本、投入品成本、产出品价值等。通过对生产过程的数据进行统计分析，确保适时生产和供需匹配，指导生产合理布局，提高农业生产资料的利用效率和农业生产力。

（3）数据采集：数据采集模块的主要功能是获取对整个农业生产过程进行数据信息获取，包括两种采集方式：设备采集和手动获取。其中，设备采集是指用户使用信息化、智能化的设备进行数据采集，包括温室环境综合调控设备、室外环境综合信息获取设备，如作物个体信息获取设备、作物小群体信息获取设备、作物组分信息获取设备等。手动获取模块主要用来获取用户通过微信端上传的数据、第三方设备采集的数据、手工记录的数据、Excel 表中导入的数据。

（4）行业应用：通过各节点传感器、作物生理生态测量仪器等终端数据采集设备，实时自动采集、存储作物环境及生长状态数据，对各种测量数据、设备状态及报警信息进行分析、汇总，依据专家决策系统模型，进行作物长势情况判断及预测，提示需采取的行动，保证农产品的品相和产量。

农业物联网技术在农业领域中的应用处于快速发展阶段，是现代农业发展的必然趋势和未来农业发展的主要方向。农业物联网系统的应用，加强了人类与农业的信息沟通，构建物联网生产软硬件平台，对作物生长过程中各类信息的准确、实时获取，为农业生产过程精准灌溉施肥、病虫害预防控制、优良品种选育等提供指导和服务，对提高农业生产效率、提升农业生产的自动化与智能化程度、提高农产品质量和产品竞争力等均具有重要的促进作用。

第三节　智慧农业系统

智慧农业系统，从简单且容易的角度去理解，是指现代科学技术与农业生产相结合，从而实现无人化、自动化、智能化管理。

结合之前讲过的农业物联网，智慧农业系统就是将物联网技术运用到传统农业中去，运用传感器和软件通过移动平台或者电脑平台对农业生产进行控制，使传统农业更具有"智慧"。除了精准感知、控制与决策管理这几个常说的功能外，从广泛意义上讲，智慧农业还应该包括农业直播带货、食品溯源防伪、农业休闲旅游、农业信息服务等方面的内容。所谓"智慧农业"就是充分应用现代信息技术成果，集成应用计算机与网络技术、农业物联网技术、音视频编辑技术、3S 技术［遥感技术（Remote Sensing，RS）、地理信息系统（Geographic Information System，GIS）和全球定位系统（Global Positioning Systems，GPS）的统称］、无线通信技术，并结合农业、农技、农机专家的智慧与知识，实现农业可视化远程诊断、远程控制、灾变预警等智能管理。智慧农业是农业生产的最高级阶段，是集新兴的互联网、移动互联网、云计算和农业物联网技术为一体，依托部署在农业生产现场的各种传感节点（环境温湿度、土壤水分、二氧化碳、图像等）和无线通信网络实现农业生产环境的智能感知、智能预警、智能决策、智能分析、专家在线指导，为农业生产提供精准化种植、可视化管理、智能化决策。智慧农业是云计算、传感网、3S 等多种信息技术在农业中综合、全面的应用，实现更完备的信息化基础支撑、更透彻的农业信息感知、更集中的数据资源、更广泛的互联互通、更深入的智能控制、更贴心的公众服务。智慧农业与现代生物技术、种植技术等科学技术融合于一体，对建设世界水平农业具有重要意义。图 1-3-1 展示了智慧农业系统的应用领域。

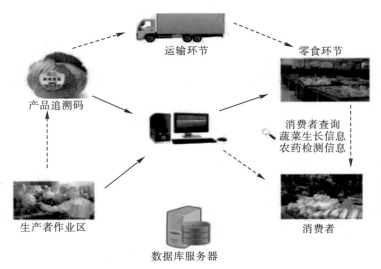

运输环节

零食环节

产品追溯码

消费者查询
蔬菜生长信息
农药检测信息

生产者作业区

消费者

数据库服务器

图 1 - 3 - 1 　智慧农业系统的应用领域

　　智慧农业是物联网技术在现代农业领域的应用，按照应用功能可分为监控功能类智慧农业系统、监测功能类智慧农业系统、实时图像与视频监控类智慧农业功能。

　　（1）监控功能类智慧农业系统：根据无线网络获取的植物生长环境信息，如监测土壤水分、土壤温度、空气温度、空气湿度、光照强度、植物养分含量等参数。其他参数也可以选配，如土壤中的 pH 值、电导率等。信息收集、负责接收无线传感汇聚节点发来的数据、存储、显示和数据管理，实现所有基地测试点信息的获取、管理、动态显示和分析处理，以直观的图表和曲线显示给用户，并根据以上各类信息的反馈对农业园区进行自动灌溉、自动降温、自动进行液体肥料施肥、自动喷药等自动控制。

　　（2）监测功能类智慧农业系统：在农业园区内实现自动信息检测与控制，通过配备无线传感节点，太阳能供电系统、信息采集和信息路由设备配备无线传感传输系统，每个基点配置无线传感节点。每个无线传感节点可监测土壤水分、土壤温度、空气温度、空气湿度、光照强度、植物养分含量等参数。根据种植作物的需求提供各种声光报警信息和短信报警信息。

　　（3）实时图像与视频监控类智慧农业功能：农业物联网的基本概念是实现农业上作物与环境、土壤及肥力间的物物相联的关系网络，通过多维信息与多层次处理实现农作物的最佳生长环境调理及施肥管理。但是作为管理农业生产的人员而言，仅仅数值化的物物相联并不能完全营造作物的最佳生长条件。视频与图像监控为物与物之间的关联提供了更直观的表达方式。比如：哪块地缺水了，在物联网单层数据上仅能看到水分数据偏低。应该灌溉到什么程度也不能刻板地仅仅根据这一个数据来做决策。因为农业生产环境的不均匀性决定了农业信息获取上的先天性弊端，很难从单纯的技术手段上进行突破。视频监控的引用，直观地反映了农作物生产的实时状态，引入视频图像与图像处理，既可从直观反映一些作物的生长长势，也可以从侧面反映出作物生长的整体状态及营养水平。视频监控可以从整体上给农户提供更加科学的种植决策理论依据。

一、智慧农业系统的应用领域

智慧农业系统的应用领域主要在农业生产环境监控和食品安全上，还延伸应用于智能农业大棚、农机定位、仓储管理、食品溯源等方面。

1. **农业生产环境监控**　通过布设于农田、温室、园林等目标区域的大量传感节点，实时地收集温度、湿度、光照、气体浓度，以及土壤水分、电导率等信息并汇总到中控系统。农业生产人员可通过监测数据对环境进行分析，从而有针对性地投放农业生产资料，并根据需要调动各种执行设备，进行调温、调光、换气等动作，实现对农业生长环境的智能控制。

2. **食品安全与食品溯源**　利用技术，建设农产品溯源系统，通过对农产品的高效可靠识别和对生产、加工环境的监测，实现农产品追踪、清查功能，进行有效的全程质量监控，确保农产品安全。在物品上粘贴特定的二维码标签或安装 RFID 射频识别标签，使用专用的 RFID 读写器及专门的频率信号将信息由 RFID 标签传送至 RFID 读写器，并在显示器上显示出来。物联网技术贯穿生产、加工、流通、消费等各个环节，实现全过程严格控制，使用户可以迅速了解食品的生产环境和过程，从而为食品供应链提供完全透明的展现，保证向社会提供优质的放心食品，增强用户对食品安全程度的信心，并且保障合法经营者的利益，提升可溯源农产品的品牌效应。

3. **农机定位**　在大田作业中，对拖拉机、收割机、插秧机等重点机具加装具有自主知识产权的国产北斗智能终端设备，实现农机定位信息全覆盖。建立智能农机信息化管理平台，打造天空地一体化的农业生产信息系统，将辅助驾驶插秧机、变量施肥插秧机、无人驾驶插秧机、履带式搅浆机、割晒机、收割机等设备作业信息上传至平台，实现采集农机作业面积、作业轨迹、作业质量等信息化管理，推进农机作业管理数据信息化。完善各项农业生产技术环节无人作业，熟练掌握和突破农机作业的路径规划、智能控制、多机协同、自动避障、无人驾驶、机群调度、远程监控等关键技术。

4. **仓储管理**　2021 年 12 月，国务院办公厅印发《"十四五"冷链物流发展规划》（以下简称《规划》），提出依托农产品优势产区、重要集散地和主销区，布局建设 100 个左右国家骨干冷链物流基地；围绕服务农产品产地集散、优化冷链产品销地网络，建设一批产销冷链集配中心。《规划》明确指出，到 2025 年，肉类、果蔬、水产品产地低温处理率分别达到 85%、30%、85%，农产品产后损失和食品流通浪费显著减少。

二、智慧农业系统的意义

智慧农业系统的意义主要体现在以下几个方面：首先，它利用互联网、物联网和云计算等现代信息技术成果，改造提升整个农业产业链，促进农业与二、三产业交叉渗透、融合发展，从而提升了农业的竞争力并拓展了农业的发展空间。其次，智慧农业通过精准监测和控制，可以省水节肥的同时降低农药用量与人力成本，实现农业生产的高效运行。此外，智慧农业还能改变传统依靠人力经验为主的生产种植模式，以土壤湿度监测仪、土壤温湿度传感器等感知设备的监测数据作为生产管理的依据，使种植更加精准。最后，智慧农业是党中央、国务院在实施乡村振兴战略等重大战略部署中的重要内容，发展智慧农业有助于推进农业生产经营和管理服务的数字化改造。具体包括以下四个方面：

1. **提高农业生产效率**　智慧农业系统通过自动化技术、无人机、物联网等技术手段，实现精准农业管理。利用实时、动态的农业物联网信息采集系统，实现快速、多维、多尺度的耕地生产环境信息实时监测，并在信息与种植专家知识系统基础上实现农田的智能灌溉、智能施肥与智能喷药等自动控制。农户可以根据数据分析和预测，精确施肥、浇水、防治病虫害等，最大限度地提高农作物产量和质量。

2. **优化农业资源利用**　我国是农业大国，而非农业强国。依靠农药化肥的大量投入，大部分化肥和水资源没有被有效利用而随地弃置，导致大量养分损失并造成环境污染。智慧农业系统可以对农田环境进行实时监测，帮助农户合理利用土地、水资源，减少浪费和污染。通过精确施肥和灌溉技术的应用，可以减少农药、化肥的使用量，提高资源利用效率。

3. **提升农产品质量与安全**　智慧农业系统可以实现农产品溯源，追踪生产全过程，确保产品的安全与质量。通过精准管理和监测，能够及时发现病虫害等问题，并采取相应措施，确保农产品的质量和安全。

4. **减少农业对环境的影响**　智慧农业系统减少了农业活动对环境的负面影响。精确施肥和灌溉可以减少农药、化肥的过度使用，降低了污染物排放，减少了土壤和水体的污染。同时，智慧农业系统还可以降低能源消耗和温室气体排放，对环境保护具有积极意义。

智慧农业系统的意义在于推动农业的可持续发展，提高农民的收益和生活质量，同时减少农业对环境的影响，实现农业的绿色发展。

三、智慧农业系统的作用

智慧农业能够有效改善农业生态环境。将农田、畜牧养殖场、水产养殖基地等生产单位和周边的生态环境视为整体，并通过对其物质交换和能量循环关系进行系统、精密运算，保障农业生产的生态环境在可承受范围内，如定量施肥不会造成土壤板结，经处理排放的畜禽粪便不会造成水和大气污染，反而能培肥地力等。

智慧农业能够显著提高农业生产经营效率。基于精准的农业传感器进行实时监测，利用云计算、数据挖掘等技术进行多层次分析，并将分析指令与各种控制设备进行联动完成农业生产、管理。这种智能机械代替人的农业劳作，不仅解决了农业劳动力日益紧缺的问题，而且实现了农业生产高度规模化、集约化、工厂化，提高了农业生产对自然环境风险的应对能力，使弱势的传统农业成为具有高效率的现代产业。

智慧农业能够彻底转变农业生产者、消费者的观念和组织体系结构。完善的农业科技和电子商务网络服务体系，使农业相关人员足不出户就能够远程学习农业知识，获取各种科技和农产品供求信息；专家系统和信息化终端成为农业生产者的大脑，指导农业生产经营，改变了单纯依靠经验进行农业生产经营的模式，彻底转变了农业生产者和消费者对传统农业落后、科技含量低的观念。另外，智慧农业阶段，农业生产经营规模越来越大，生产效益越来越高，迫使小农生产被市场淘汰，必将催生以大规模农业协会为主体的农业组织体系。

四、智慧农业系统的发展趋势

智慧农业通过生产领域的智能化、经营领域的差异性以及服务领域的全方位信息服务，推动农业产业链改造升级，实现农业精细化、高效化与绿色化，保障农产品安全、农业竞争力提升和农业可持续发展。因此，智慧农业是我国农业现代化发展的必然趋势，需要从培育社会共识、突破关键技术和做好规划等方面入手，促进智慧农业发展。

改革开放以来，我国农业发展取得了显著成绩，粮食产量"十二连增"，蔬菜、水果、肉类、禽蛋、水产品的人均占有量也排在世界前列，但代价不菲。一是化肥农药滥用、地下水资源超采以及过度消耗土壤肥力，导致生态环境恶化，食品安全问题凸显；二是粗放经营，导致农业竞争力不强，出现农业增产、进口增加与库存增量的"三量齐增"现象，越来越多低端农产品滞销。解决这些问题就需要大力发展以运用智能设备、农业物联网技术、云计算与大数据等先进技术为主要手段的智慧农业。

（一）智慧农业推动农业产业链改造升级

1. 升级生产领域，由人工走向智能 在种植、养殖生产作业环节，摆脱人力依赖，构建集环境生理监控、作物模型分析和精准调节为一体的农业生产自动化系统和平台，根据自然生态条件改进农业生产工艺，进行农产品差异化生产。在食品安全环节，构建农产品溯源系统，将农产品生产、加工等过程的各种相关信息进行记录并存储，并能通过食品识别号在网络上对农产品进行查询认证，追溯全程信息。在生产管理环节，特别是一些农垦垦区、现代农业产业园、大型农场等单位，智能设施与互联网广泛应用于农业测土配方、农场生产资料管理等生产计划系统，提高效能。

2. 升级经营领域，突出个性化与差异性的营销方式 物联网、云计算等技术的应用，打破农业市场的时空地理限制，农资采购和农产品流通等数据将会得到实时监测和传递，有效解决信息不对称问题。一些地区特色品牌农产品开始在主流电商平台开辟专区，拓展农产品销售渠道，有实力的优秀企业通过自营基地、自建网站、自主配送的方式打造一体化农产品经营体系，促进农产品市场化营销和品牌化运营，预示农业经营将向订单化、流程化、网络化转变，个性化与差异性的定制农业营销方式将广泛兴起。所谓定制农业，就是根据市场和消费者特定需求而专门生产农产品，满足有特别偏好的消费者需求。此外，近年来各地兴起农业休闲旅游、农家乐热潮，旨在通过网站、线上宣传等渠道推广、销售休闲旅游产品，并为旅客提供个性化旅游服务，成为农民增收新途径和农村经济新业态。

3. **升级服务领域，提供精确、动态、科学的全方位信息服务**　例如，我国东北地区的黑龙江省等地，已经试点应用基于北斗定位的农机调度服务系统，一些地区通过室外大屏幕、手机终端等这些灵活便捷的信息传播形式向农户提供气象、灾害预警和公共社会信息服务，有效地解决"信息服务最后一公里"问题。面向"三农"的信息服务为农业经营者传播先进的农业科学技术知识、生产管理信息以及农业科技咨询服务，引导优秀企业、农业专业合作社和农户经营好自己的农业生产系统与营销活动，提高农业生产管理决策水平，增强市场抗风险能力，做好节本增效、提高收益。同时，云计算、大数据等技术也推进农业管理数字化和现代化，促进农业管理高效和透明，提高农业部门的行政效能。

（二）实现农业精细化、高效化、绿色化发展

1. **实现精细化，保障资源节约、产品安全**　一方面，借助科技手段对不同的农业生产对象实施精确化操作，在满足作物生长需要的同时，保障资源节约又避免环境污染。另一方面，实施农业生产环境、生产过程及生产产品的标准化，保障产品安全。生产环境标准化是指通过智能化设备对土壤、大气环境、水环境状况实时动态监控，使之符合农业生产环境标准；生产过程标准化是指生产的各个环节按照一定技术经济标准和规范要求通过智能化设备进行生产，保障农产品品质统一；生产产品标准化是指通过智能化设备实时精准地检测农产品品质，保障最终农产品符合相应的质量标准。

2. **实现高效化，提高农业效率，提升农业竞争力**　云计算、农业大数据让农业经营者便捷灵活地掌握天气变化数据、市场供需数据、农作物生长数据等等，准确判断农作物是否该施肥、浇水或打药，避免了因自然因素造成的产量下降，提高了农业生产对自然环境风险的应对能力；通过智能设施合理安排用工用时用地，减少劳动和土地使用成本，促进农业生产组织化，提高劳动生产效率。互联网与农业的深度融合，使得诸如农产品电商、土地流转平台、农业大数据、农业物联网等农业市场创新商业模式持续涌现，大大降低信息搜索、经营管理的成本。引导和支持专业大户、家庭农场、农民专业合作社、优秀企业等新型农业经营主体发展壮大和联合，促进农产品生产、流通、加工、储运、销售、服务等农业相关产业紧密连接，农业土地、劳动、资本、技术等要素资源得到有效组织和配置，使产业、要素集聚从量的集合到质的激变，从而再造整个农业产业链，实现农业与二、三产业交叉渗透、融合发展，提升农业竞争力。

3. **实现绿色化，推动资源永续利用和农业可持续发展**　在《中共中央国务院关于全面推进乡村振兴加快农业农村现代化的意见》文件中，提出"推动农业可持续发展，必须确立发展绿色农业就是保护生态的观念，加快形成资源利用高效、生态系统稳定、产地环境良好、产品质量安全的农业发展新格局。"智慧农业作为集保护生态、发展生产为一体的农业生产模式，通过对农业精细化生产，实施测土配方施肥、农药精准科学施用、农业节水灌溉，推动农业废弃物资源化利用，达到合理利用农业资源、减少污染、改善生态环境，即保护好青山绿水，又实现产品绿色安全优质。借助互联网及

二维码等技术，建立全程可追溯、互联共享的农产品质量和食品安全信息平台，健全从农田到餐桌的农产品质量安全过程监管体系，保障人民群众"舌尖上的绿色与安全"。利用卫星搭载高精度感知设备，构建农业生态环境监测网络，精细获取土壤、墒情、水文等农业资源信息，匹配农业资源调度专家系统，实现农业环境综合治理、全国水土保持规划、农业生态保护和修复的科学决策，加快形成资源利用高效、生态系统稳定、产地环境良好、产品质量安全的农业发展新格局。

五、促进智慧农业大发展的思路

美国、日本、荷兰、以色列等国家的农业实践表明，智慧农业是农业发展进程中的必然趋势。据农业农村部统计，我国农业科技创新整体水平已经迈入世界第一方阵。2022年，全国农业科技进步贡献率达到62.4%，农业科技自立自强迈出坚实的一步。2022年，我国启动了农业关键核心技术攻关，核心种源和新品种培育、丘陵农机等领域取得了阶段性突破。我国人均耕地不足1.35亩，不足世界平均水平的40%，但通过农业信息网络、农业数据库系统、精准农业、生物信息、电子商务等现代信息技术，实现了播种、控制与质量安全及农产品物流等方面的智慧化，农业安全生产和农产品流通效率位居世界前列。我国智慧农业呈现良好发展势头，但整体上还属于现代农业发展的新理念、新模式和新业态，处于概念导入期和产业链逐步形成阶段，在关键技术环节方面和制度机制建设层面面临支撑不足等问题，且缺乏统一、明确的顶层规划，资源共享困难和重复建设现象突出，一定程度上滞后于信息化整体发展水平。因此，促进智慧农业大发展，需要做好以下三方面工作：

（一）作为新理念，需要培育共识，抢抓机遇

社会各界，特别是各级政府、科研院所、农业从业人员要认真学习、深刻领会近年来党的中央一号文件精神，以及习近平总书记"以科技为支撑走内涵式现代农业发展道路"的讲话精神，认识到我国农业发展正处于由传统农业向现代农业转变的拐点上，智慧农业将改变数千年传统农业生产方式，是现代农业发展的必经阶段。因此，社会各界一定要达成大力发展智慧农业的共识，牢牢抓住新一轮科技革命和产业变革为农业转型升级带来的强劲驱动力和"互联网＋"现代农业战略机遇期，加快农业技术创新和深入推动互联网与农业生产、经营、管理和服务的融合。

（二）作为新模式，需要政府支持，重点突破

智慧农业具有一次性投入大、受益面广和公益性强等特点，需要政府的支持和引导，实施一批有重大影响的智慧农业应用示范工程和建设一批国家级智慧农业示范基地。智慧农业发展需要依托的关键技术（如智能传感、作物生长模型、溯源标准体、云计算大数据等）还存在可靠性差、成本居高不下、适应性不强等难题，需要加强研发，攻关克难。同时，智慧农业发展要求农业生产的规模化和集约化，必须在坚持家庭承包经营基础上，积极推进土地经营权流转，因地制宜发展多种形式规模经营。与

传统农业相比，智慧农业对人才有更高的要求，因此要将职业农民培育纳入国家教育培训发展规划，形成职业农民教育培训体系。另外，要重视相关法规和政策的制定和实施，为农业资金投入和技术知识产权保驾护航，维护智慧农业参与主体的权益。

（三）作为新业态，需要规划全局，资源聚合

智慧农业发展必然经过一个培育、发展和成熟的过程。因此，当前要科学谋划，制定出符合中国国情的智慧农业发展规划及地方配套推进办法，为智慧农业发展描绘总体发展框架；制定目标和路线图，从而打破我国智慧农业虽然发展多年但却各自为政所形成的资源、信息孤岛局面；将农业生产单位、物联网和系统集成企业、运营商和科研院所相关人才、知识科技等优势资源互通，形成高流动性的资源池，形成区域智慧农业乃至全国智慧农业发展一盘棋局面。

本章小结

本章主要介绍了农业物联网的基本概念、优势和基本架构；介绍了智慧农业系统的基本概念、组成架构；介绍了智慧农业中的常见传感器；最后，展望了智慧农业未来的发展趋势。

练习题

一、填空题

1. 农业物联网是物联网技术在农业生产、经营、管理和服务中的具体应用，就是运用_____、_____、_____等感知设备，对农业系统中生产环境要素、动植物生命体特征、农业生产工具等信息进行感知。

2. 物联网系统构架主要由_____、_____和_____三层结构组成。

3. 传输层是感知层与应用层之间的桥梁与纽带，作物环境信息及作物生长信息通过 LPWAN、WAN、LAN 等_____或_____传输到应用层。

4. 作物生长信息包含作物从表型到内部成分的多种参数，主要包括_____、_____及营养组分信息，可通过不同类型的传感器或仪器设备进行检测。

5. 智慧农业是_____、_____、_____等多种信息技术在农业中综合、全面的应用，实现更完备的信息化基础支撑等。

6. 智慧农业是物联网技术在现代农业领域的应用，按照应用功能可分为_____、_____、_____。

二、简答题

1. 什么是农业物联网？其主要优势包括哪些方面？
2. 简述农业物联网系统构架及其功能。
3. 智慧农业系统的应用领域有哪些方面？

农业信息感知技术

农业信息感知技术是指利用现代信息技术手段收集、处理、分析、输出农业领域相关数据的一种技术。该技术通过采集土地、气象、作物生长等方面的数据，提供精准、时效性强的信息支持，实现对农业生产全过程的实时监测、调控和管理，提高农田资源的利用效率，促进农业的可持续发展。在农业物联网中农业信息感知是农业物联网的源头环节，是系统运行正常的前提和保障，是农业物联网工程实施的基础和支撑。农业信息感知技术是农业物联网的关键技术，也是目前农业物联网发展的主要技术瓶颈，是农业物联网研究的重要内容。农业信息感知是指采用物理、化学、生物、材料、电子等技术手段获取农业水体、土壤、小气候等环境信息、农业动植物个体、生理信息及位置信息，揭示动植物生长环境及生理变化趋势，实现农业产前、产中、产后信息全方位、多角度的感知，为农业生产、经营、管理、服务决策提供可靠信息来源及决策支撑。

第一节 农业信息感知的基本概念

农业信息感知技术广泛应用于土地管理、种植业、畜牧业、渔业、农产品加工与销售等各个环节。农业信息传感是指利用传感器收集农业生产过程中与环境、作物、农机等相关的物理量、化学量、生物量等信息，通过相关的信息处理、传输和存储技术，对农业生产环节进行监控和管理的一种新型农业生产方式。基本概念包括传感器、数据处理、网络传输、应用平台等。其中，传感器是信息传感的基础，其作用是将农业生产过程中的各种信息转化为可用数字信号；数据处理是对传感器采集的数据进行处理和分析，从而实现对农业生产过程的监控和控制；网络传输是将处理后的数据通过网络进行传输，以便于农民、农业管理员等相关人员获取和使用；应用平台是为用户提供实时的数据监控、分析和处理工具，帮助他们更好地进行农业生产管理。基本框架包括传感器网络、数据处理平台、应用系统等。

农业信息感知通过对养殖水体溶解氧、pH、电导率、温度、水位、氨氮、浊度、叶绿素信息传感，土壤水分、电导率及氮磷钾等养分信息传感，动植物生存环境温度、湿度、光照度、降雨量、风速风向、CO_2、H_2S、NH_3信息传感，动植物生理信息感知，RFID、条码等农业个体识别感知，作物长势信息、作物水分和养分信息、作物产量信息和农业田间变量信息、田间作业位置信息和农产品物流位置等信息感知，实现农业生产全程环境及动植物生长生理信息可测可知，为农业生产自动化控制、智能化决策提供可靠数据源。

第二节　农业信息感知设备

一、农业信息感知概述

（一）气象信息感知

气象信息感知是指通过传感器等设备实时获取气象环境信息，包括空气温湿度、光照强度、降雨量、风速、风向等。这些信息对于农业生产来说非常重要，因为适宜的气象条件可以提高作物的产量和品质，而不利的气象条件可能导致作物减产或病虫害的发生。现代农业已经广泛采用各种传感器来感知气象信息，例如，土壤水分传感器、光照传感器、温度传感器、湿度传感器、风速传感器等，这些传感器可以实时获取土壤和作物的信息，从而帮助农民更好地管理农业生产。

例如，农业机械上安装的传感器可以实时获取机械的状态信息，如转速、油耗、水温、压力等，这些信息可以帮助农机手了解机械的工作状态，从而进行正确的维护和调整。另外，农业传感器还可以检测病虫害的发生情况，从而及时采取防治措施，避免病虫害对作物的危害。

气象信息感知是现代农业中不可或缺的一部分，通过传感器等设备实时获取气象信息，可以帮助农民更好地管理农业生产，提高作物的产量和品质，从而保障农业生产的稳定和可持续发展。

（二）土壤信息感知

土壤信息感知是指利用传感器等技术手段，感知农田土壤的物理化学信息，包括土壤含水量、酸碱度、电导率等，以实现农业生产的精准管理和高效利用。近年来，随着传感器技术和无线通信技术的发展，土壤信息感知技术得到了长足的进步和应用。

国内外学者一直致力于研究具有可行性的土壤信息检测方法，并已经取得了长足的进展。其中，利用射频进行土壤感知是一种重要的技术手段，该技术可分为遥感技术和基于飞行时间（Time of Flight，TOF）的技术。遥感技术通过接收地面辐射的信号，估算土壤湿度等物理化学参数。基于 TOF 的技术则通过测量土壤表面的电磁波信号，感知土壤的水分和温度等信息。此外，还有一些其他的技术手段，如利用红外线和紫外线进行土壤监测、利用超声波进行土壤结构观测等。

土壤信息感知技术的应用广泛，包括农业生产中的精准管理和高效利用。例如，在水稻种植中，土壤信息感知技术可以实现灌溉水分的精准控制，从而提高水资源利用效率和作物产量。此外，在果蔬种植中，土壤信息感知技术可以实现对果蔬生长环境的精准监测，包括光照、温度、湿度等因素，以促进果蔬的生长和品质提升。

土壤信息感知技术是现代农业生产中不可或缺的一项关键技术，为实现精准农业生产管理和高效农业生产开展提供了重要的支持。

（三）作物信息感知

作物信息感知是指作物根据环境因素的变化，感知并响应作物生长和发育的需求，从而调整其生长和发育过程的能力。现代农业生产中，作物信息感知已成为提高作物生产效率和品质的重要手段。

作物信息感知的实现需要依赖于各种传感器技术和环境监测设备，如光合作用光谱仪、温度湿度传感器、土壤水分传感器、气象传感器等。这些传感器可以检测作物生长环境中的各种信息，如光照强度、二氧化碳浓度、温度、湿度、土壤水分等，从而向作物发出需求信号。

作物信息感知技术的应用已经在现代农业中得到了广泛的应用，包括精准农业、智能灌溉、植物生长监测、土壤养分管理等。例如，通过作物信息感知技术，可以实现精准灌溉，根据作物的需求量和土壤水分含量来控制灌溉量和灌溉时间，从而提高作物的生产效率和品质。同时，作物信息感知技术还可以实现精准施肥，根据作物的营养需求和土壤养分含量来确定施肥量和施肥时间，从而提高作物的生长速度和产量。

作物信息感知技术已经成为现代农业生产中的重要手段，可以提高作物的生产效率和品质，同时也可以降低生产成本和环境风险。

（四）农机信息感知

农机信息感知是指采用物理、化学、生物、材料、电子等技术手段获取农机作业过程中的环境信息、作业状态信息和作业效率信息，并对这些信息进行处理分析，为农机作业提供精准的信息支持和决策依据的过程。

农机信息感知技术的应用已经在现代农业中得到了广泛的应用，包括精准农业、智能农机、农机作业监测、农机作业效率评估等。例如，通过农机信息感知技术，可以实现精准农机作业，根据作物的需求和土地的条件来调整农机的作业模式和作业速度，从而提高农机作业的效率和品质。同时，农机信息感知技术还可以实现智能农机，通过传感器技术和人工智能技术来实现农机的自主决策和控制，从而提高农机作业的

智能化和自动化程度。

农机信息感知技术已经成为现代农业生产中的重要手段，可以提高农机作业的效率和品质，同时也可以降低生产成本和环境风险。

二、农业传感器信息感知设备

农业传感器信息感知包括各种传感器，如光照传感器、温湿度传感器、土壤传感器、气体传感器等，用于实时获取农业环境信息和农业生产信息。

农业传感器信息感知是指使用各种传感器技术和监测设备，对农业生产环境中的各种信息进行实时监测和数据采集，以便于农业生产者对作物生长和发育过程进行精准的监测和控制。

农业传感器信息感知技术的应用已经在现代农业中得到了广泛的应用，包括精准农业、智能农业、农业生产监测、土壤养分管理等。例如，通过农业传感器信息感知技术，可以实现精准施肥，根据作物的营养需求和土壤养分含量来确定施肥量和施肥时间，从而提高作物的生长速度和产量。同时，农业传感器信息感知技术还可以实现精准灌溉，根据作物的需求量和土壤水分含量来控制灌溉量和灌溉时间，从而提高作物的生长效率和品质。

农业传感器信息感知技术可以提高农业生产的效率和品质，同时也可以降低生产成本和环境风险。

（一）农业水体信息传感

养殖水体信息传感包括养殖水体溶解氧、pH、水湿电导率、浊度、叶绿素等影响养殖对象健康生长的水体多参数信息获取。

1. **溶解氧** 水体经过与大气中的氧气交换或经过化学、生物化学等反应后溶解于水中的氧。一定的水中溶解氧的含量与空气中的氧分压、水温、水的深度、水中各种盐类和藻类的含量，以及光照强度等多种条件有关。溶解氧是养殖成败的一个非常重要的因素，也是病害发生的决定性因素之一。

2. **温度** 养殖水质监测的一个基本参数，用来校正那些随温度而变化的参数。例如，酸碱度、溶解氧等，传感元件主要采用铂电阻温度计。

3. **酸碱度** 也叫作氢离子浓度指数，是溶液中氢离子浓度的一种标度，也就是通常意义上溶液酸碱程度的衡量标准，标示了水的最基本性质。它可以控制水体的弱酸、弱碱的离解程度，降低氯化物、氨、硫化氢等的毒性，防止底泥重金属的释放，对水质的变化、生物繁殖的消长腐蚀性、水处理效果等均有影响，是评价水质的一个重要参数。

4. **电导率** 水质无机物污染的综合指标，测量电导率的传感器主要有两种：接触型和无电极型传感器。前者适用于测定比较干净的水质，而后者适用于测定污水，不易被污染，不易结垢。

5. **氨氮** 水产养殖中重要的水质理化指标，养殖水体中氨氮主要来自水体生物的粪便、残饵及死亡藻类。氨氮浓度升高，制约鱼类生产，是造成水体富营养化的主要环境因素。就养殖水体而言，氨氮污染已成为制约水产养殖环境的主要胁迫因子。影响鱼虾类生长和降低对不良环境及疾病的抵抗能力，成为诱发病害的主要原因。

6. 浊度 水的透明程度的量度。浊度显示出水中存在大量的细菌、病原体或是某些颗粒物。这些颗粒物可能保护有害微生物，使其在消毒工艺中不被去除。无论在饮用水、工业过程或产品中，浊度都是一个非常重要的参数。浊度高意味着水中各种有害物质的含量高。浊度的测量通常采用散射光测量方法，通过测定液体中悬浮粒子的散射光强度来确定液体的浊度。

养殖水体水质信息传感关键技术主要有电化学检测技术和光学检测技术。电化学检测技术包括基于极谱法的溶解氧检测技术、基于电极电导法的电导率检测技术、基于离子选择电极的 pH 检测技术。光学检测技术主要包括基于荧光猝灭效应的溶解氧检测技术、基于粒子散射效应的浊度、叶绿素检测技术等，光学检测技术由于其稳定性好、维护方便正在受到越来越多的关注。

（二）土壤信息传感

土壤信息传感包括土壤水分，电导率，土壤氮、磷、钾含量等影响作物健康生长的土壤多参数信息的获取。

1. 土壤水分 又称土壤湿度，是保持在土壤孔隙中的水分，主要来源是降雨水和灌溉水，此外还有近地面水气的凝结、地下水位上升及土壤矿物质中的水分。土壤含水量直接影响着作物生长、农田小气候以及土壤的机械性能。在农业、水利、气象研究的许多方面，土壤水分含量是一个重要参数。农业生产中，土壤含水量的准确测定对于水资源的有效管理、灌溉措施、作物生长、旱地农业节水、产量预测以及化学物质监测等方面非常重要，也是精准农业极为关键的重要参数。土壤水分传感技术的研究与发展直接关系到精细农业变量灌溉技术的优劣。常用土壤水分检测技术包括烘干法、介电法、电阻法、电容法、射线法、中子法、张力计法等。由于便于测量，介电法是目前农业物联网中常用的土壤水分检测方法。

2. 电导率 一种物质传送（传导）电流的能力，土壤电导率与土壤颗粒大小和结构有很强的相关性，同时土壤电导率与土壤有机物含量、黏土层深度、水分保持能力/水分泄漏能力有着密切的关系。常用的土壤电导率检测技术包括传统理化分析方法、电磁法测量、电极电导法测量、时域反射等方法，其中，电磁法测量、电极电导法测量、时域反射等方法由于能直接将电导率转化为电信号，特别适于农业物联网土壤电导率信息传感。

3. 土壤养分 测试的主要对象是氮（N）磷（P）和钾（K），这三种元素是作物生长的必需营养元素。氮是植物体内许多重要化合物（如蛋白质、氨基酸和叶绿素等）的重要成分，磷是植物体内许多重要化合物（如核酸核蛋白、磷脂、植素和三磷腺苷等）的成分，钾是许多植物新陈代谢过程所需酶的活化剂。土壤养分检测目前多采用实验室化学分析方法。

(三)农业气象信息传感

农业气象信息传感内容是指与农业生产环境密切相关的空气温度、湿度、光照强度、风速风向、降雨量等农业气象多参数信息获取。

自然条件下，绿色植物进行光合作用制造有机物质必须有太阳辐射作为微能源的参与才能完成，不同波段的辐射对植物生命活动起着不同的作用。它们在为植物提供热量、参与光化学反应及光形态的发生等方面，各自起着重要的作用。太阳辐射中对植物光合作用有效的光谱成分称为光合有效辐射，光合有效辐射是植物生命活动、有机物质合成和产量形成的能量来源。它是形成生物量的基本能源，直接影响着植物的生长、发育、产量和产品质量。

温湿度对动植物的生产生长有着至关重要的影响，在相对湿度较小时，如土壤水分充足，则植物蒸腾较旺盛，植物生长较好。同时，湿度与作物病虫害的发生也有密切关系，如小麦吸浆虫喜欢湿度大的环境，棉蚜、红蜘蛛则适宜在湿度较小的环境中生活。湿度大，易导致小麦锈病等多种病害流行；湿度小，则容易引起白粉病等多种病害的流行。

空气中的二氧化碳可以提高植物光合作用的强度，并有利于作物的早熟丰产，增加含糖量，改善品质。而空气中的二氧化碳浓度一般约占空气体积的 0.03%，远远不能满足作物优质高产的需要。现代农业中，大都采用温室大棚进行作物的栽培和培育。在作物的整个生长期，都需要提供不同浓度的二氧化碳。适宜的二氧化碳浓度可以促使幼苗根系发达，活力增强，产量增加。

畜舍内的氨气来源主要分为两种：一种胃肠道内的氨，来源于粪尿、肠胃消化物等，尿氮主要是以尿素形式存在，很容易被脲酶水解，催化生成氨气和二氧化碳。粪氮主要是以有机物形式存在，不容易分解，但也是氨气形成过程中氮的一个来源。另一种是舍内环境氨，是通过堆积的粪尿、饲料残渣和垫草等有机物腐败分解而产生的。当氨气在空气中含量达 200 ml/L 时，会刺激猪打喷嚏、流口水、食欲下降，长时间作用会增加呼吸疾病和肺炎的发病概率。当硫化氢浓度达 20 ml/L 时，猪会出现惧光、紧张和食欲减退等情况；当硫化氢浓度达 50～200 ml/L 时，猪表现为呕吐和腹泻。因此，在设施化畜禽养殖中需要监测氨气、硫化氢、甲烷等有害气体成分。

(四)农业动植物生理信息感知

对植物生理信息采集的研究主要包括表观信息（如作物生长发育状况等可视物理信息）的获取和内在信息（如叶片及冠层温度、叶水势、叶绿素含量、养分状况等借助于外部手段获取的物理和化学的信息）的获取。其中，以光谱分析技术、图像处理技术、植物电信号分析技术和荧光分析技术 4 个方面发展最快，且发展潜力最大。

1. **植物茎流** 作物在蒸腾作用下体内产生的上升液流，它可以反映植物的生理状态信息。土壤中的液态水进入植物的根系后，通过茎秆的输导向上运送到达冠层，再由气孔蒸腾转化为气态水扩散到大气中去，在这一过程中，茎秆中的液体一直处于流动状态。当茎秆内液流在一点被加热，则液流携带一部分的热量向上传输，一部分与水体发生热交换，还有一部分则以辐射的形式向周围发散，根据热传输与热平衡理论通过一定的数学计算即可求得茎秆的水流通量，即植物的蒸腾速率。

2. **叶绿素**　植物进行光合作用的主要色素，是一类含脂的色素家族叶绿素，位于类囊体膜。叶绿素吸收大部分的红光和紫光但反射绿光，所以叶绿素呈现绿色，它在光合作用的光吸收中起核心作用。叶绿素为镁卟啉化合物，包括叶绿素 a、叶绿素 b、叶绿素 c、叶绿素 d、叶绿素 f，以及原叶绿素和细菌叶绿素等。叶绿素不很稳定，光、酸、碱、氧、氧化剂等都会使其分解。酸性条件下，叶绿素分子很容易失去卟啉环中的镁成为去镁叶绿素。叶绿素有造血、提供维生素、解毒、抗病等多种用途。

3. **叶片**　植物最重要的器官，其形态变化可以反映出植物生长状态的变化，如光合作用、水分情况、养分情况等。研究表明，叶片厚度变化具有周期规律性，可分为长周期和短周期（24 小时）。掌握这些规律对研究植物水分状态具有重要意义。通常的灌溉系统是以空气的温度、湿度以及土壤的湿度作为控制参数，属于开环控制。针对这一问题，提出了以植物的器官（叶片、茎秆、果实）的几何参数为控制参数的智能节水灌溉控制系统，属于闭环控制。脉搏传感器的基本功能是将各浅表动脉搏动压力这样一些物理量转换成易于测量的电信号。脉搏传感器种类很多，按照工作原理来分，脉搏传感器可以分为压力传感器、光电式脉搏传感器、超声多普勒技术及传声器等。其中压力传感器用得最多，因为它是将压力信号转换为电信号。

4. **血压**　血管内的血液对于单位面积血管壁的侧压力，即压强。正常的血压是血液循环流动的前提，血压在多种因素调节下保持正常，从而提供各组织器官以足够的血量，俰以维持正常的新陈代谢。

5. **呼吸**　机体与外界环境之间气体交换的过程，动物耗氧率的大小及变化在很大程度上反映其代谢水平的高低及变化规律，因而常作为衡量动物能量消耗的一个指标。通过对动物呼吸代谢的研究可以了解动物的代谢特征、动物自身的生理状况和营养状况以及对外界环境条件的适应能力。

对动物生理信息检测主要集中在对动物生理信息感知的研究，除生物电（包括生物阻抗）信号外，作为有生理机能特征的信号，还有机械信号、声学信号、生物化学信号以及生物磁信号等。诸如血压、脉搏、心音、血液、体温及呼吸，脑磁描技术（magnetoencephalography，MEG）、心磁描记术（magnetocardiography，MCG）等多种生理参数，在生理研究中都是极为重要的指标。

（五）农业个体识别

RFID 是一种非接触式的自动识别技术。它通过射频信号自动识别目标对象并获取相关数据，识别工作无须人工干预，可工作于农业生产各种恶劣环境。RFID 技术可识别高速运动物体并可同时识别多个标签，操作快捷方便。RFID 是一种简单的无线系统，只有两个基本器件。该系统用于控制、检测和跟踪物体。系统由一个询问器（或阅读器）和很多个应答器（或标签）组成。RFID 按照能源的供给方式分为无源 RFID、有源 RFID 和半有源 RFID。无源 RFID 读写距离近、价格低。有源 RFID 可以提供更远的读写距离，但是需要电池供电，成本要更高一些，适用于远距离读写的应用场合。在农产品生产全程质量安全可追溯管理中，RFID 电子标签具有支持信息自由采集、受农业生产条件干扰小、使用寿命长等优点。

条码是由一组规则排列的条、空以及对应的字符组成的标记。"条"指对光线反射率较低的部分，"空"指对光线反射率较高的部分。这些条和空组成的数据表达一定的信息，并能够用特定的设备迟过转换成与计算机兼容的二进制和十进制信息。二维条码是用某种特定的几何图形按一定规律在平面（二维方向上）分布的黑白相间的图形记录数据符号信息的，在代码编制上巧妙地利用构成计算机内部逻辑基础的"0""1"比特流的概念，使用若干个与二进制相对应的几何形体来表示文字数值信息，通过图像输入设备或光电扫描设备自动识读以实现信息自动处理。二维条码能够有效存储和读取农产品身份信息。同时，二维条码比 RFID 具有明显的价格优势。但是，二维条码读取信息的速度会受到来污物、图像磨损、字迹模糊、光线和识读角度等因素的限制。

（六）农业遥感

农业遥感技术是集空间信息技术，计算机技术，数据库、网络技术于一体，通过地理信息系统技术和全球定位系统技术的支持，在农业资源调整、农作物种植结构、农作物估产、生态环境监测等方面进行全方位的数据管理，数据分析和成果的生成与可视化输出，是目前一种较有效的对地观测技术和信息获取手段。二十多年来，遥感技术在农业部门的应用也越来越广泛，完成了大量的基础性工作，取得了很大的进展。遥感技术在农业资源调查与动态监测、生物产量估计、农业灾害预报与灾后评估等方面，也取得了丰硕的成果。

农业遥感关键技术主要包括基于 GIS 的农业机械导航定位技术、田块尺度农作物遥感动态监测技术、作物水分胁迫信息的遥感定量反演与同化技术、基于激光雷达（light detection and ranging，LiDAR）数据和 QuickBrid 影像的树高提取方法、作物生长发育理化参量和农田信息遥感反演理论方法体系等。

（七）农业定位导航跟踪

现实生活中，GPS 定位主要用于对移动的人、宠物、车及设备进行远程实时定位监控的一门技术。GPS 定位是结合了 GPS 技术、无线通信技术（GSM/GPRS/CDMA）、图像处理技术及 GIS 技术的定位技术，实现如下功能：全天候24小时监控所有被控车辆的实时位置、行驶方向、行驶速度，以便最及时地掌握车辆的状况、车辆历史行程、轨迹记录。车辆调度，调度人员确定调度车辆或者在地图上画定调度范围，GPS 系统自动向车辆或者画定范围内的所有车辆发出调度命令，被调度车辆及时回应调度中心，以确定调度命令的执行情况。GPS 系统还可对每辆车成功调度次数进行月统计。

第三节　农业信息感知体系

农业信息感知主要技术领域包括农业生产环境信息感知、农业生产对象个体识别信息感知、农业空间信息感知、动植物生理信息感知等。其中，农业生产环境信息感知包括农业水体环境信息感知、农作物生长土壤环境信息感知、农业气象信息感知；农业信息感知涵盖农业产前、产中、产后从环境信息到动植物个体信息获取，采用农业信息感知，有效解决了农业物联网信息获取瓶颈，为农业智能管理决策提供了可靠数据源和技术支撑。

农业信息感知通过获取农业水体溶解氧、温度、电导率、pH、浊度、叶绿素等水质参数信息，并结合养殖区域环境气象信息，为探索养殖水体水质变化规律，把握养殖水体水质变化趋势，实时调控养殖水体环境溶解氧、温度等参数，为养殖水体环境智能调控提供决策依据。

农业信息感知通过作物生长土壤环境水分、电导率、氮、磷、钾等养分信息获取技术感知土壤环境信息，并结合农业气象信息、作物生理信息、遥感监测信息等农业环境多尺度信息，及时掌握了解作物生长环境各参数及作物自身生长变化规律，为指导农业精准灌溉、变量施肥、作物估产、干旱疾病预警等提供信息源及技术支撑。

农业信息感知通过实时获取设施化养殖环境参数信息，并结合动物生理检测信息，为设施化畜禽养殖环境智能监控、精心化喂养提供技术支撑。借助 RFID 及条码识别技术，有效解决农产品个体识别问题，为农产品追溯管理、食品安全等提供数据支撑。

农业信息感知技术通过获取动植物生长环境信息(水质、土壤、气象)个体生理信息、空间信息，实现对农业生产全过程，整链条信息监测，可有效提高农业生产效率，促进农业生产高效、健康、安全、环保和可持续发展。

第四节　农业信息感知技术的研究进展

一、农业水质信息传感技术研究进展

农业水质智能传感是实现健康养殖的关键环节，是实现水质智能控制的前提，主要目的是监测水体温度、滞育激素(decision height，DH)、溶解氧(dissoloved oxygen，

DO)、盐度、浊度、氨氮、化学需氧量(chemical oxygen demand，COD)、生物需要量(biochemical oxygen demand，BOD)等对水产品生长环境有重大影响的水质参数。

常用的水质检测分析方法从原理上主要分为实验室化学分析法、分光光度法(比色法)、光谱分析法、离子选择电极法、荧光熄灭法、生物传感器法和分子印迹法等。其中技术较为成熟，且适于在线快速检测的主要是分光比色法、光谱分析法、离子选择电极法和荧光熄灭法。

(一)分光光度法

通过测定被测物质在特定波长处或一定波长范围内光的吸收度，对该物质进行定性和定量分析。常用的波长范围为紫外光区、可见光区和红外光区。所用仪器为紫外分光光度计、可见光分光光度计(或比色计)、红外分光光度计或原子吸收分光光度计。

(二)光谱分析法

根据物质的光谱来鉴别物质及确定其化学组成和相对含量的方法，又可以分为原子吸收光谱法和分子吸收/发射光谱法。

(三)生物传感器法

常用水质检测电化学传感器包括电极式和离子敏场效应管传感器两种。电极传感器主要是通过水中特定离子或分子与电极表面物质发生电化学反应，从而引起检测电路中产生变化的电压或电流，通过检测电路中电压或电流变化值的大小来反映水体中的特定指标。离子选择电极又称离子电极，是一类利用膜电位测定溶液中离子活度或浓度的电化学传感器。在 1906 年由 R. 克里默(R. Creamer)最早研究，到 20 世纪 60 年代末，离子选择电极的商品已有二十多种。极谱法是离子电极法的一种。它是通过测定电解过程中所得到的极化电极的电流－电位(或电位－时间)曲线来确定溶液中被测物质浓度的一类电化学分析方法，在 1902 年由捷克化学家 J. 海洛夫斯基(J. Heyrovsk)建立。极谱法可用来测定大多数金属离子、许多阴离子和有机化合物。

(四)荧光熄灭法

利用荧光强度的减小与荧光熄灭剂的浓度呈线性关系来进行测定含量的方法，近来在溶解有机碳(dissolved organic carbon，DOC)、总有机碳(total organic carbon，TOC)和化学需氧量(chemical oxygen demand，COD)等参数的检测上已开始应用。

DOC 常用的在线检测方法是极谱法和荧光炮灭法，DH、氧化还原电位(Oxidation Reduction Potential，ORP)、氨氮等一般用氧电极法，BOD、COD、TOC、NH_4、NH_3、NO_3、NO_2 等则常用分光法或光谱分析法。盐度可以用电导率(electric conductivity，EC)来指示，EC 的常用测量方法有电磁式和电极式两种。电磁式电导率测量，采用电磁感应原理，检测元件不会与被测溶液直接接触，常用于测量强酸、强碱等腐蚀性液体的电导率。电极式电导率测量依据电解导电原理，需要将电极插入被测溶液中进行测量，是目前最常用的电导率测量方法，其具体实现方法有相敏检波法、双脉冲法、动态脉冲法、频率法等。

随着以电化学分析为基础的各种传感器技术的日益成熟，能够在线分析的水质参数越来越多；随着微电子、微机械加工技术和信息处理技术的发展，在线水质分析传感器将向集成化、微型化、智能化、网络化和多参数化方向发展。

二、土壤信息传感技术研究进展

目前，基于电磁、光学、机械、声学、空气动力学、电化学等诸多方法的传感器在含水量、电导率、耕作阻力、有机质含量、离子成分等土壤参数的测量中得到了大量研究应用。国内外对于土壤水分实时监测的方法已经从最原始的目测法发展到现在日益成熟的电磁法。它被认为是研究最多、最深且最具潜力的一类方法。目前，应用这一基本理论已形成以测量电缆或电线的阻抗变化——无线通信技术（Time Domain Reflectometry Frequency Domain Duplex，TDR - FDD）、驻波比法（standing-wave ratio，SWR）为代表的十几类电磁方法。烘干法被国际公认为测定土壤水分的标准方法，然而烘干法无法实现土壤水分的在线快速测量。中子法具有测定结果快速、准确并且可重复进行等优点，但由于其价格昂贵并且存在着辐射防护的问题，目前中子法在发达国家已被禁止使用。传统的电阻法和电热法等土壤水分测量方法虽然具有价格方面的优势，但测量范围相对狭窄，并且容易受到土壤质地、盐分、容重等因素的影响。目前研究和应用较多的是利用土壤介电特性的方法来测量土壤的水份，基于土壤介电特性测量土壤水份的方法主要包括时域反射仪法（Time Domain Reflectometer，TDR）、频域反射法（Frequency Domain Reflectometer，FDR）、时域传播法（Time Domain Transmissometry，TDT）、驻波比法（Standing Wave Ratio，SWR）、高频电容探头法、甚高频晶体传输线振荡器法、微波吸收法、时分双工法等。

美国堪萨斯州立大学的张乃迁教授运用电流 - 电压四端法测量原理开发了小型实验仪器，进行了土壤的电导率和土壤水分的测定。卡特·罗阿德（Carter Rhoades）等人开发了基于电流 - 电压四端法测量土壤电导率的车载式测量设备。迈耶尔（Myers）等利用电磁感应的方法实现了电导率的非接触式检测。该传感器与土壤生产力指数联系起来，能综合反映土壤容重，持水量、盐度、pH 等参数。

从 20 世纪 70 年代开始，国外学者便开始研究土壤物质含量与土壤多光谱辐射特征之间的相互关系。国内外研究表明，化学分析方法测定精度高，但分析过程烦琐、速度慢，费时费工；基于光电分色的方法仍需采样在实验室分析，电化学传感器方法取得了初步研究进展，但尚未达到实用化程度，利用可见近红外光谱分析在实验室测定土壤特性和养分的精度较高，已开发的土壤成分田间实时测定仪器原型、仪器，在田间实时预测土壤总碳、总氮、速效氨、DH、电导率，以及钙含量、锰含量的精度达到实用要求，有机质、磷、钾含量的实时测定精度有待进一步提高。国内土壤养分近红外光谱分析预测研究多为在实验室可控条件下进行的基础研究。为了满足我国精准农业和测土配方施肥的应用需求，开发适于中国土壤类型的低成本、高精度机载实时近红外土壤成分测定系统，尚需协同攻克高精度、低成本光谱仪，田间测定部件优化，在线数学模型构建方法，以及多传感器融合方法等关键科学问题。现代各种学科新技术不断发展，特别是大规模集成技术、微波技术、辐射技术、光谱等技术的发展为土壤水分快速测量的研究提供了许多新途径，随着这些技术的不断完善和成本的逐渐降低，为新型传感技术的开发提供了坚实的基础。

三、农业气象信息智能传感技术研究进展

农业气象观测系统用于观测温度、湿度、气压、风速、风向、雨量、总辐射、CO_2含量、光合有效、地温等气象要素。长期以来，我国的农业气象观测主要是以人工目测和简单器测为主，基本无自动化观测手段，远落后于一般地面气象要素观测。为了改变农业气象观测的落后现状，农业气象观测对象多是分散在自然状态下，数据采样点具有分散、周期差别大、市电供应困难、设备安装维护要求高、安全防范要求严等特点，为了达到农业气象观测规范的要求，农业气象自动观测站的建设和管理与普通自动气象站有很大区别。

目前，国内主要依靠人工和自动气象站观测相结合来采集气象数据，数据的传输方式主要有线传输和无线传输两种，目前多以有线传输方式为主。20世纪50年代末，不少国家已经有了第一代自动气象站，如苏联研制的M36型自动气象站，美国研制的自动气象观测系统AWOS-1（Automatic Weather Observing System）等。这些自动气象站观测的要素少、结构简单、准确度低，数据传输也比较低效。第二代自动气象站已经能够适应各种比较严酷的气候条件，但由于当时通信技术落后，资料存储和传输问题未能得到很好的解决，因此无法形成完整的自动观测系统。到20世纪70年代，第三代自动气象站大量采用了集成电路，实现了软件模块化、硬件积木化，单片微处理器的应用使自动气象站具有较强的数据处理、记录和传输能力，并逐步投入业务使用，但当时的数据传输主要依靠有线传输。进入20世纪90年代以来，自动气象站在欧美及亚洲各发达国家得到了迅猛发展，建成业务性自动观测网，并且这些发达国家气象的常规观测基本实现了遥测自动化。其中，拥有自动站数量最多的国家有美国、德国、意大利、法国、芬兰、日本和韩国等。亚洲的日本韩国在20世纪90年代中后期相继建立了完善的自动观测系统。

随着社会经济的发展和科学技术的进步，新一代气象数据采集系统具有微功耗。自动化程度高、多功能、多参数、模块化、标准化、智能化、高精度、高可靠性及全天候工作能力，能够准确、及时地自动采集和处理各种气象和环境数据。新一代产品应该是一种高度模块化、多功能低功耗的气象数据采集产品，采用了先进的关键数据采样技术和数据处理技术，基于嵌入式微机的高度智能化和模块化，有很强的可扩展性和较高的可靠性。

四、动植物生理信息检测技术进展

农业的可持续发展日益成为全球永恒的主题。传统农业已向精细农业发展，快速

与准确地获取作物生理信息已成为精细农业发展的重要基础。经验法获取植物信息不易掌握，且敏锐性不足；化学方法耗时费力，对植物损伤较大。植物生理信息无损检测技术融合了各个领域的先进技术，克服了传统检测方法的弊端，完善和发展检测技术逐渐成为精细农业发展的重中之重。

对植物生理信息的检测主要集中在植物电信号分析技术、机器视觉和图像处理技术、光谱分析及遥感技术、叶绿素荧光分析检测技术等。植物电信号被认为是与植物生理过程及体内传送信息相关的信号。它与环境的刺激存在某种关联，在植物受到环境变化的刺激后，电信号激发植物产生运动、生长代谢及物质运输等生理变化，从而调节植物与外部环境的联系。研究发现，植物电信号在温度、光照、水分、机械损伤、电等因素下都可被激发，且长距离的植物器官和组织间联系的方式主要是通过生物电化学或电生理信号，因此在外界环境发生变化时，植物电信号变化显著。

近年来，随着信息技术的飞跃发展和计算机的普及，计算机机器视觉技术广泛应用于多个领域，在设施农业领域也已取得较大进展。利用计算机机器视觉技术获取温室内植物生长信息，对植物生长状况进行实时监测，对植物生产和研究植物生理方面具有重要意义。

光谱分析技术具有分析速度快、效率高、成本低、测试方便、重现性好等特点，是一种公认的绿色分析技术。早在 20 世纪 70 年代科学家们就发现光谱特性与植物营养状况密切相关，并针对大田作物进行了一系列利用光谱特性对植物生长状况检测的相关研究。目前，随着光谱技术的不断发展，越来越新的光谱技术被应用到作物生长信息检测领域，如近红外技术、多光谱技术、高光谱技术等。

为对研究对象进行更好的分析处理，图像分析技术与光谱分析技术相结合的光谱成像技术也开始得到应用，如高光谱成像技术和多光谱成像技术等叶绿素荧光作为光合作用研究的探针，得到了广泛的研究和应用。叶绿素荧光不仅能反映光能吸收、激发能传递和光化学反应等光合作用的原初反应过程，而且与电子传递、质子梯度的建立及腺苷三磷酸（Adenosine Triphosphate，ATP）合成和 CO_2 固定等过程有关。通过研究叶绿素荧光来间接研究光合作用的变化是一种简便、快捷、可靠的方法。

五、农业 RFID 与条码技术研究进展

RFID 技术源于第二次世界大战，在经历长期技术突破之后，20 世纪 80 年代开始商业应用，20 世纪 90 年代得到广泛的产业应用，是物联网产业的核心技术，对产业结构优化、产业与技术升级和自主创新能力提升具有极大的促进作用。真实激光扫描（Vacuum Laser Scanning，VIS）工艺技术的突飞猛进和 RFID 市场需求的急剧增长，对智能 RFID 标签芯片设计提出了严峻的挑战，低成本、高安全性（加密、认证）、高识别率（防冲突算法）、低功耗、高识别速度是智能 RFID 标签芯片设计面临的核心技术问题。

20 世纪 70 年代，在计算机自动识别领域出现了二维条码技术，这是在传统条码基础上发展起来的一种编码技术。它将条码的信息空间从线性的一维扩展到平面的二

维,具有信息容量大、成本低、准确性高、编码方式灵活、保密性强等诸多优点。与一维条码只能从一个方向读取数据不同,二维条码可以从水平、垂直两个方向来获取信息。因此,其包含的信息量远远大于一维条码,并且还具备自纠错功能。因此,自1990年起,二维条码技术在世界上开始得到广泛的应用,经过几年的努力,现已应用在国防、公共安全、交通运输、医疗保健、工业、商业、金融、海关及政府管理等领域。

六、农业遥感技术研究进展

遥感是以航空摄影技术为基础,在20世纪60年代初发展起来的一门新兴技术。开始为航空遥感,自1972年美国发射了第一颗陆地卫星后,这就标志着航天遥感时代的开始。经过几十年的迅速发展,目前遥感技术已广泛应用于资源环境、水文、气象、地质地理等领域,成为一门实用的、先进的空间探测技术。目前遥感技术在农业中的应用主要包括农业估产、农业资源调查、气象灾害预测和评估、农作物生态环境监测。

(一)农业估产

我国农业遥感技术最早就是用于估产领域。早在"六五时期",我国就已经开始运用卫星技术尝试对局部农产品产量进行预估。在随后的发展中,中国气象局、中国科学院以及许多大学、研究所都对农业遥感估产技术起到了实践和创新推动作用。2008年12月1日我国"遥感卫星4号"发射成功,其主要作用之一就是负责我国农作物的品质与产量监测数据的采集。

(二)农业资源调查

我国是一个资源大国,但是人均资源占有率却很低,特别是在耕地方面,由于缺乏保护意识,许多人着重于眼前利益,导致我国耕地数量和质量不断下降。遥感技术的运用能使我们及时掌握大量的信息,这对我国农业资源的保护和管理起到了很大的作用。遥感技术的运用极大地提高了人们获取数据信息的效率,为我国农业资源的保护提供了条件和基础。

(三)气象灾害预测和评估

近年来,我国陆续发射了许多气象卫星和自主研发的卫星,遥感、监测和预报农作物品质与产量技术获得成功。这些技术都加强了我国对气象灾害的预测和灾后评估能力,农民在生产作业过程中能及早做好防范,减少损失。

(四)农作物生态环境监测

遥感技术能及时掌握土壤的盐碱度、沙尘暴等对土壤的风化侵蚀、虫害、耕地水分和养分的增减等具体变化信息,生产者能根据这些信息及时决定对策,提高劳动生产率。例如,通过诺阿卫星(NOAA satellite)遥感影像的绿度值,了解大面积作物的分布和长势,并根据该作物在某一些地区的生长特点和气象卫星所提供的资料,对某一作物地区可能发生的气象灾害、土壤水分的保证率和流行性病虫害等发出早期警报。

七、农业定位导航跟踪技术研究进展

自动定位导航跟踪技术是计算机技术、电子通信、控制技术等多种学科的综合，在现代农业生产中的应用越来越广，逐渐成为农业工程技术的重要组成部分。北美、日本、欧洲等国高校、公司、研究机构对此进行了深入的研究，探索了利用已有系统来组合导航策略、导航任务规划和操作控制、软硬件的结合，并在药物喷洒、除草、种植、收割、车辆自动行走、物流追溯等方面得到了实际的应用。国内在这方面的研究则相对落后，还处于初期研究阶段。目前，在农业工程中应用最广泛的自动导航技术是 GPS，机器视觉以及传感器融合技术。

本章小结

本章从 4 个方面对农业信息感知进行详细论述。首先，介绍了农业物联网信息化领域常用的水质信息感知、土壤信息感知、气象信息感知、农业动植物生理信息感知、农业个体识别、农业遥感和农业导航等方面的概念。其次，阐述了水质、土壤、个体识别、动植物生理、遥感以及导航跟踪等方面的主要内容和技术特点。而后，概述了农业信息感知技术的体系架构，揭示了农业信息感知各部分内容间的关系。最后，总结了农业信息感知技术的发展进展。

农业信息感知是农业物联网的基础和信息来源，目前农业信息化水平相对较低，农业信息技术手段落后，农业生产环境水体、土壤、农业气象数据信息感知技术主要包括实验室物理化学分析和在线监测两类，实验室物理化学分析技术测量精度相对较高，但存在取样困难、成本较高、难以满足实际生产现场信息实时性监测需求等问题。尽管目前在水体水质、农业土壤、农业气象信息感知等方面研究开发了一系列传感器，但由于农业生产环境的复杂性，以电化学检测机理为主的农业环境信息在线检测技术存在稳定性差、可靠性差的问题。RFID 与条码等个体识别技术的发展，使得农业生产全程信息可溯成为可能，但由于农业生产环境的复杂性，应着重解决条码与 RFID 耐磨损、抗污浊等问题，以保障信息安全。农业遥感技术在农情监测、估产、灾害预测等领域得到广泛应用，应加强与农业其他技术的融合，实现农业生产环境从平面（田间）信息到农业立体信息全方位、多层次监测，以提高信息化精度和准确性。随着卫星定位导航技术发展，农业机械定位导航、农产品物流跟踪等环节已广泛使用 GPS 卫星、基站定位等技术实现农业定位导航跟踪，大大提高了生产效率。随着新型材料技术、微电子技术、微机械加工技术、光学技术等的发展，农业信息感知技术逐渐从最初的实验室理化分析过渡到借助新型敏感材料，使得农业生产各环节信息实时在线获取成为可能。农业先进传感技术的快速发展，特别是各类化学传感技术、光学传感技术、维纳传感技术的发展使得农业物联网的大规模应用成为可能。

由于农业生产分布点多面广，环境恶劣，应大力发展具有较高可靠性、稳定性、对农业复杂生物环境在线无害监测的先进传感技术，以提高农业生产现场信息提取的准确性。同时，发展农业信息多层次、多尺度提取技术，实现农业生产产前、产中、产后全方位信息监测、对于提高农业生产作业效率，降低生产成本，保障食品安全，实现农业生产可持续发展具有重要意义。

练习题

一、填空题

1. 农业信息感知技术通过采集_____、_____、_____等方面的数据，实现对农业生产全过程的实时监测、调控和管理。

2. 传感器是信息传感的基础，其作用是将农业生产过程中的各种信息转化为可用_____。

3. _____是目前农业物联网中常用的土壤水分检测方法。

4. RFID 是一种_____的自动识别技术。它通过射频信号自动识别目标对象并获取相关数据。

5. RFID 是一种简单的无线系统，只有两个基本器件。该系统用于控制、检测和跟踪物体，分别由_____和_____组成。

6. 条形码是由一组规则排列的_____、_____以及对应的字符组成的标记。

7. 农业遥感技术通过_____和_____的支持，在农业资源调整、农作物种植结构、农作物估产、生态环境监测等方面进行全方位的数据管理。

二、简答题

1. 农业信息感知包括哪些方面？
2. 物联网在农业信息中有哪些重要的作用？
3. 物联网在实现农业可持续发展中的重要意义有哪些？

农业信息传输技术

信息传输技术是指在各种介质上传输信息的技术，包括许多通信技术和媒介，如互联网、移动电话、卫星通信、光纤传输和无线通信技术。信息传输技术的主要目的是高效传输信息，满足人们在不同场景下的需求，确保信息传输的安全性和可靠性。在现代社会，信息传输技术已成为各行各业不可或缺的一部分，其发展也促进了各个领域的进步和创新。本章重点介绍农业物联网中的信息传输技术（主要包括农业无线传感器网络、移动通信网络、互联网等）。

第一节　农业信息传输分类和关键技术

农业信息传输技术是利用先进的通信技术和计算机技术，收集、传输、处理、存储和应用有关农业生产、管理、研究和销售的信息，以提高农业生产效率、质量和经济效益。该技术包括传感器技术、远程监控技术、数据采集与处理技术、互联网技术、移动终端技术、云计算等。该技术具有广泛的应用，包括种植、水产养殖、林业和渔业等方面。

农业信息传输层是连接农业物联网感知层和应用层的关键环节，其主要作用是利用现有的各种通信网络，实现底层传感器收集到农业信息的传输。网络层包括各种通信网络与物联网形成的承载网络，承载网络主要是现行的通信网络，如计算机互联网、移动通信网、无线局域网等。在农业中运用最广泛的是无线传感器网络（wireless sensor network，WSN）。无线传感器网络是以无线通信方式形成的一个自组织多跳的网络系统，由部署在监测区域内大量的传感器节点组成，负责感知、采集和处理网络覆盖区域中被感知对象的信息，并将信息发送给观察者，如图3-1-1所示。

图 3-1-1　信息传输息采集示意

一、农业信息传输技术内容

农业信息传输方式按照传输介质分类可以分为有线通信和无线通信。在过去相当长的一段时间内，有线通信以其稳定和技术简单占据农业生产的主要地位，数据传输的介质包括双绞线、同轴电缆、光纤或是其他有线介质。无线通信数据传输的介质包括红外线、无线电微波或是其他无线介质。随着传输技术的发展，无线通信的种种发展瓶颈被突破，以其低成本和灵活性在农业生产中逐步确立了自己的地位。近年来，无线组网通信发展迅速的原因，不仅是由于技术已经达到可驾驭和可实现的高度，更是因为人们对信息随时随地获取和交换的迫切需要。有线传输适合于测量点位置固定、长期连续监测的场合。虽然有线传输速率明显高于无线传输速率，但是有线传输方式接入点形式单一，只能与固定终端设备及控制端服务器相连，控制过程单一呆板，如果需要在现场进行数据查勘则无法实现，有线传输扩展性也相对较弱，如果原有布线所预留的端口不够用，增加新用户就会遇到重新布置线缆、施工周期长等麻烦。有线施工难度高，埋设电缆需挖坑铺管，布线时要穿线排，还有穿墙过壁及许多不明因素（如停电、水）等问题使施工难度大大增加。随着无线通信技术的不断发展，农业信息的传输过程中可以引入更大规模、更高需求、更加安全的无线信息传输方式，其带来的主要优势在于：

（1）对于移动测量或距离很远的野外测量，采用无线方式可以很好地实现并节省大量的费用。目前的无线网络可以把分布在数千米范围内不同位置的通信设备连在一起，实现相互通信和网络资源共享。

（2）无线传输技术比较不易受到地域和人为因素的影响。无线传输中广域网的远程传输主要依靠大型基站及卫星通信，抗干扰能力较强，其稳定性比有线通信更强。

虽然在恶劣气候和极特殊地貌中传输能力可能降低，但属于个例。

（3）无线通信的接入方式灵活。在无线信号覆盖的范围内，可以使用不同种类的通信设备进行无缝接入。例如，个人数字助理（又称掌上电脑，personal digital assistant，PDA）、无线终端设备、车载终端设备、手机、无线上网笔记本、远端服务器等。

二、农业信息有线传输技术

（一）现场总线技术

现场总线（fieldbus）是近年来迅速发展起来的一种工业数据总线，主要解决工业现场的智能化仪器仪表、控制器、执行机构等现场设备间的数字通信，以及这些现场控制设备和高级控制系统之间的信息传递问题。由于现场总线具有简单、可靠、经济实用等一系列突出的优点，因而受到了许多标准团体和计算机厂商的高度重视。

控制器局域网（controller area network，CAN）总线是目前国内外大型农机设备普遍采用的一种标准总线。它是一种有效支持分布式控制或实时控制的串行通信网络。现代分布式测控网络多采用 RS－485 作为现场总线，但由于其传输距离、主从工作方式的局限性，不适合在远距离、恶劣的环境下工作。与 RS－485 相比，CAN 总线实时性强、可靠性高、抗干扰能力强。CAN 总线在我国目前已经成功地应用于农业温室控制系统、储粮水分控制系统、畜舍监视系统、温度及压力等非电量测量、检测等农业控制系统。美国 AS Leader 公司的 Ag LeaderInsight Precision Farming System 采用了 CAN 现场总线控制方案。使用 CAN 总线可以使得系统具有可扩展性、兼容性，使系统内部成为一个简单的组合网络的用户接口，用来控制其他的一些控制单元，并且可以接收来自这些控制单元的大量信息。

（二）基于嵌入式技术的通信

嵌入式技术与通信技术的结合是农业物联网技术发展的主要方向。嵌入式系统，是以应用为中心，以计算机技术为基础，并且软硬件可定制，适用于各种应用场合，对功能、可靠性、成本、体积、功耗有严格要求的专用计算机系统。它一般由嵌入式微处理器、外围硬件设备、嵌入式操作系统以及用户的应用程序等四个部分组成，用于实现对其他设备的控制、监视或管理等功能。美国 StarPal 公司生产的 HGIS 系统（Hand－held GeograpHic Information Systems），运行在基于 Windows CE 操作系统的 Pocket PC 设备，能进行 GPS 位置、田间地物分布和土壤采样等矢量和属性信息的采集记录。美国 ESRI 公司也推出了野外信息采集软件 ArcPad，Trimble 公司也开发了可用于农业采集的 Ag－GPS160、EZ－mal 等便携式软硬件设备。国内方慧等是一种基于掌上电脑的农业信息快速采集与处理系统。该系统采用的是按专用小型 GIS 系统的方式实现农业信息采集处理系统。

三、农业信息无线传输技术

（一）蓝牙技术

蓝牙技术是一种短距离无线通信技术，能够在不需要任何电缆、线路的情况下实现对各种数字设备的数据传输和通信。蓝牙技术是由欧洲蓝牙技术促进组织（Bluetooth SIG）开发的，其名字来源于 10 世纪丹麦国王哈拉尔·布昌特（Harald Blåtand）的名字，他将挪威、瑞典和丹麦统一起来，象征着这种技术也可以将不同设备连接在一起。

蓝牙技术基于无线电波传输，使用 2.4 GHz 的无线电波带宽进行短距离数据传输，有效传输距离为 10 米，最大传输距离可达 100 米，能够连接多种设备，如手机、电脑、耳机、手表等。蓝牙技术具有低功耗、低成本、安全可靠、使用方便等优点，因此在智能家居、农业物联网、医疗保健等领域得到广泛应用。近年来，随着蓝牙 5.0 标准的推出，蓝牙技术的带宽和稳定性得到了大幅提升，未来有望在更多领域发挥作用。

（二）ZigBee 技术和 RFID 技术

ZigBee 技术是一种无线通信技术，专为低速低功耗应用而设计。它采用 IEEE 802.15.4 标准，在 2.4 GHz、868 MHz 和 915 MHz 频段运作，具有在小型设备之间进行简单、低成本、低功耗的数据传输的能力。它的特点在于简单、低功耗、低成本以及网络性能高，因此在智能家居、传感器网络、无线传感器网络等领域得到了广泛的应用。ZigBee 技术主要由四个部分组成：ZigBee 设备、中心节点、协调器和网状网络。它们之间能够实现相互通信、数据传输和控制。该技术以其低功耗、高性能以及易于部署而成为 IoT 应用领域的重要技术之一。

RFID 技术是一种非接触式自动识别技术。它利用无线电波实现对读写器和标签之间的数据传输，以达到快速、准确、高效地识别和跟踪物品的目的。RFID 技术通常包括三个部分：标签、读写器和中间件。标签是装有芯片和天线的标识载体，可以承载一定数量的数据，如产品型号、生产日期和供应商信息等。读写器是设备信息收集和处理的主要组件，能够通过无线电波与标签进行通信，并将识别到的数据传递到中间件中进行处理。中间件是处理和管理数据的软件程序，能够根据需要获取、存储和分析标签数据，进一步优化物流、仓储和供应链管理等方面的业务。RFID 技术具有高效、准确、自动化、非接触式等诸多优点，被广泛应用于物流、制造业、零售业、医疗保健、交通运输等领域。

在短距离无线通信方式中，ZigBee 和 RFID 虽然起步较晚，但却发展迅速，在农业信息传输中也得到了越来越多的应用。ZigBee 技术是一种最近发展起来的近距离、低复杂度、低功耗、低数据速率、低成本的双向无线通信技术。目前，ZigBee 技术已普遍应用于农业中，可以选用 ZigBee 芯片和单片机组成低成本的无线农业传感器信息传输模块。在 ZigBee 无线网络中各种农业传感器通过无线传输模块与主机系统进行通信，同时主机也可提供决策支持和进行数据库管理。目前除了用于农业物流识别、农产品溯源技术和畜禽养殖中的个体识别之外，也开始应用于湿度、光照、温度和振动等无线标签式传感器之中，为农业数据的传输又提供了一种新的手段。

(三)蜂窝无线通信技术——GSM/GPRS

全球移动通信系统(global system of mobile communications，GSM)是一种数字无线通信标准，被广泛用于移动电话、无线数据传输和其他移动通信应用。GSM 最初设计用于欧洲，是第一种全球性的数字移动通信标准，它提供更好的语音质量、安全性、传输速度和覆盖范围。

通用分组无线服务(general packet radio service，GPRS)是一种增强的 GSM 技术。它允许移动设备使用 IP 网络进行数据传输，GPRS 不仅可以传输更多的数据，而且还可以保证更快的传输速度，GPRS 能够像互联网一样在移动设备之间传输数据。因此，GPRS 被广泛应用于信息服务、企业应用和地理位置服务等领域。

GSM 和 GPRS 是蜂窝网络中最流行的通信技术之一，它们提供了快速、可靠和安全的无线通信解决方案。如今，GSM 和 GPRS 已经成为移动通信领域的基本架构，支持数十亿的设备和用户。

目前，农业信息远程采集与设备远程监控中也开始应用 GSM 短消息这种无线通信技术。基于 GSM 无线通信技术的农业应用系统可以由若干台现场设备，如 GSM 通信终端、GSM 无线网络和监控端等部分组成。针对农业方面的具体应用，国内外也开发出许多特殊的无线网络，如现场监控服务器(Field Monitoring Server)就是一种具体针对农业和土地监测设计的无线网络，各种农业信息传感器通过无线网络连接，传感器采集的数据通过分布式 XML 数据库存储。网络中单个传感器节点包括太阳能电池、网络服务器卡、传感器、网络照相机和风扇等，各个节点通过无线网络通信。FMS 网络实现了农业大面积监测、处理，网络中的每个节点都有自己的 IP 地址，所有节点通过无线网络连接到国际互联网。

(四)新一代蜂窝无线通信技术——5G

5G 是新一代蜂窝无线通信技术，也被称为第五代移动通信技术。它提供比目前使用的 4G/LTE 更快、更稳定的互联网连接速度和更低的延迟，这将使一系列新的应用程序成为可能，包括更高效的移动办公、虚拟和增强现实、自动驾驶车辆和智能城市等。

5G 的最大优点之一是高速率。它可以提供比目前的 4G/LTE 快数倍的数据传输速率，这是通过更广泛的频谱和更先进的技术实现的。它还将提供比 4G/LTE 更低的延迟，这将是实时应用程序，如远程手术、自动驾驶汽车和虚拟现实等的关键因素。

5G 使用的是高频段的无线电波，也称为毫米波，这使其能够传输更大的数据量，并且更适合连接大量的物联网设备。不过，这也意味着 5G 信号的传输范围比 4G/LTE 更小，需要更多的网络基础设施来提供完整的覆盖。

总之，5G 将成为未来连接互联网的标准。随着更多的国家采用 5G 技术，它将推动各种新的应用程序和创新，将我们带入数字化和智能化的未来。5G技术主流制式包括以下四种。

（1）5G NR：5G新无线标准（new radio，NR）是5G的核心技术之一，也是定义5G网络规范和技术的重要标准。5G NR采用了更高的频谱，更多的天线、更智能的方式来传输数据。

（2）毫米波：一种高频段的无线通信技术，用于5G通信中的超高速数据传输。它可以在更宽的带宽范围内传输数据，但由于波长短，覆盖范围较小，使用毫米波需要在城市等高密度区域使用。

（3）Sub-6 GHz：指小于6 GHz的频段，是5G技术中的主要频段之一，覆盖范围更广泛。在早期的5G部署中，Sub-6 GHz是主要的部署范围。

（4）LTE-NR Dual Connectivity：LTE-NR双联通技术是5G演进中的一项技术，利用现有的4G基础设施，在现有4G网络上添加5G网络。这项技术可以提高传输效率和速度，实现更高效、更智能的通信。

5G具有更高的带宽和更快的数据传输速度，可以实现更流畅、更快速的影像、音频和数据传输。5G具有更低的延迟和更高的可靠性，可以更好地支持实时监测和控制应用，如自动驾驶、远程医疗等。5G网络可以支持更多的设备连接，可以实现更广泛的物联网应用。5G具有更强的安全保障和隐私保护能力，可以有效保障用户数据和隐私的安全和保密。

5G技术将对各行各业产生深远的影响，特别是对于农业、物联网、智能交通等领域的发展有着巨大的推动作用。在农业领域，5G技术将可以提供更精准的监测和控制应用，提高智慧农业的效率和生产力。

四、信息传输共性关键技术内容

农业信息传输共性关键技术包括以下内容：

（一）农业传感器技术

农业传感器是指用于检测和监测农业环境参数的一种技术。它可以通过感受器及各种传感器检测作物的生长状态、土壤的湿度、温度变化、气候条件、氨气、甲烷等环境参数，将检测结果转换成电信号，并通过传输方式将信息传输到设备或者软件系统中进行处理分析。

农业传感器技术应用于现代农业中，可以实现自动化的监测和控制，提高农业生产效率，减少资源浪费，改善生产环境，促进可持续发展。常见的农业传感器包括土壤湿度传感器、土壤温度传感器、光照强度传感器、风速风向传感器、雨量传感器、气压传感器、氧气传感器、二氧化碳传感器等。

农业传感器技术的应用场景包括智能灌溉、气象预测、病虫害预防、精准施肥、动植物监测等。

（二）农业数据采集与处理技术

农业数据采集与处理技术是指利用各种传感器、监测装置、软件系统等技术手段，对农业环境、农作物及农业生产过程进行数据采集、传输、处理、分析、应用等操作，以提高农业生产效率、农业资源利用效益和减少资源浪费。

数据采集技术包括传感器技术、遥感技术、地理信息技术等。传感器技术可以实时监测和采集各种环境参数（如温度、湿度、光照强度、二氧化碳浓度、土壤 pH 值等），并将采集到的数据转化为电信号，通过无线传输或数据通信网络传输到数据处理系统。遥感技术则可通过卫星、无人机等自然资源电子监测手段，获取信息并解析成地理信息。地理信息技术可以通过 GIS 等技术，将各种农业环境参数进行统一处理和分析，实现农业资源的可视化管理。

数据处理技术包括数据处理算法、人工智能技术、大数据分析技术等。数据处理算法可以通过机器学习等算法，对采集的数据进行处理和分析，并预测未来发展趋势。人工智能技术则可以利用各种算法，对农业生产过程进行智能控制和排序优化。大数据分析技术则可以从海量数据中，通过相关算法提取数据特征和规律，为农业生产提供决策参考。

综合应用这些技术，可以形成一个完善的农业数据采集与处理系统，实现农业智能化、数字化，提高农业生产效率，减少资源浪费，优化农业生产过程，促进农业可持续发展。

（三）农业物联网技术

农业物联网技术是指在农业生产中，通过连接各种传感器、监测装置、控制设备等，构建起互联网系统，将各个生产环节设备、农产品进行智能化连接，有助于让农业生产更加高效和智能，提供有效决策支持。实现对农业生产全方位、全过程的监测、控制和调节。农业物联网技术为农业生产提供了实时监测、智能决策以及精确控制的解决方案，使得农业生产更加高效、高质量和可持续。

农业物联网技术的关键技术包括以下方面：

（1）传感器技术：各种农业环境、水土条件和农作物状况的传感器，如无线雨量计、土壤温湿度传感器、光照传感器等，可以实时采集数据，通过传输至集中控制中心进行统一管理、监控以及应用。

（2）通信技术：支持农业物联网传输技术的通信方式有多种，包括 4G/LTE、LoRaWAN、NB – IoT 等。通过这些通信技术，农业物联网可以将数据和指令进行实时、高效、安全的传输。

（3）数据分析与决策支持：农业物联网可通过数据分析和决策支持软件，实现从大量、分散、异构的数据中提取关键信息，帮助农民做出更有效的决策和管理。

（4）云计算与大数据：通过数据整合、分析、挖掘，辅以人工智能技术，准确预测农作物生长和气象环境，实现种植、农机、育苗、肥料、农药、灌溉、测土等各方面的智能化控制与优化。

综上所述，农业物联网技术有广阔的应用前景，可以辅助农民进行农业生产和管理，掌握及时信息，提升产量、节约资源、降低成本、回避风险，并构建和谐、健康的生态农业系统，发挥着越来越重要和广泛的作用。

(四)农业云计算技术

农业云计算技术是将云计算技术与农业生产结合起来，提供一种高效、智能、便捷的农业生产管理与运营方式。农业云计算技术通过大数据分析、数据挖掘、机器学习等技术手段，将农业生产和经营中的各种数据信息进行集中、处理、分析，并提供决策支持和可视化展示，从而实现农业生产方式的智能化、高效化和可持续性。

农业云计算技术的主要优势包括以下四个方面。

(1)数据整合和共享：农业云计算可以整合和共享来自不同地区的农业数据，帮助农民获得更加全面和准确的信息，从而更好地制定决策。

(2)精细化管理：通过采集、分析、处理和预测数据，农业云计算可以实现农业生产的精细化管理，提高作物的产量和质量，降低成本和风险，从而提高收益。

(3)类比模拟和预测：农业云计算可以利用历史数据和经验知识，建立预测模型和类比模拟，帮助农民更加准确地预测作物生长情况，选择最佳的种植方法、作物品种、灌溉配方和施肥方案等。

(4)节约资源和环保：农业云计算可以实现农业生产与资源的高效利用，降低浪费和排放，从而保护生态环境和减轻气候变化。

目前，农业云计算技术已被广泛应用于农业生产和管理领域，例如农产品质量和安全监管、精准农业、智能化管理等。随着技术的发展和更多农业数据的获取，农业云计算技术将会得到进一步的推广和发展，为农业生产和经营带来更多实际的效益。

(五)农业区块链技术

农业区块链技术是将区块链技术与农业生产、加工、销售和管理等方面相结合的一种新型技术，可以实现对农产品的全生命周期监管和溯源。农业区块链技术通过将数据信息加密、存储和传输，确保数据的安全性和不可篡改性，从而实现农产品安全、质量追溯等目的。

农业区块链技术的主要优势包括以下四个方面。

(1)数据安全：区块链技术采用加密算法，确保数据传输的安全性和可靠性，有效避免数据被篡改和泄露的风险。

(2)数据追溯：区块链技术可以实现对农产品的全生命周期监管和溯源，确保农产品质量和安全，同时提高消费者的信心和认可。

(3)信息共享：区块链技术可以实现不同生产环节的信息共享和协同管理，提高生产效率和成本效益。

(4)市场监管：区块链技术可以实时监管市场信息，提高市场透明度和监管力度。

目前，农业区块链技术已经被广泛应用于农产品溯源和质量监控等方面，如大豆、牛肉、葡萄和蜜蜂等产品。随着技术的进步和应用场景的扩展，农业区块链技术在未来将会更加广泛地应用于农业产业链管理和农产品贸易等方面。

第二节　农业信息传输技术体系

农业信息传输系统是一个复杂的系统，其中包括信息采集中短距离信息传输、信息采集后长距离信息传输和信息接收后信息传播部分，大多数的感知网应用仅仅是孤立应用系统，相互之间没有关联和交互。要想真正达到物联网确定的最终目标，就必须实现和电信网的融合，打破这种孤立的形态，形成新一代物联网，如图 3 - 2 - 1 所示，感知层传感器和 IP 互联网的融合已是不可避免的趋势，即感知层传感器将逐渐 IP 化，互联网的功能范围将从个人计算机等传统终端逐渐扩展到传感器节点中，传感器节点将真正成为电信网中的一个终端节点。电信网应能为物联网提供如下管理能力：网络管理、业务管理、移动性管理、服务质量管理、安全性管理、位置服务、认证鉴权能力、计费能力等。

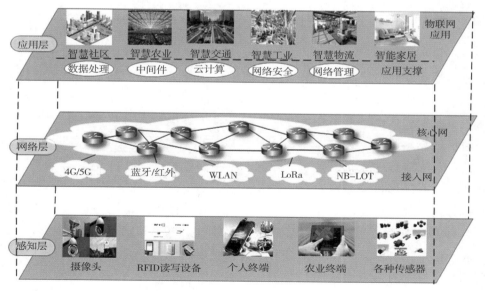

图 3 - 2 - 1　农业物联网传输技术体系框架

农业网物联网的感知层处于网络的边沿，分布最为广泛，主要用来完成信息的感知和采集。感知层设备多种多样，种类非常丰富，常见的有 RFID、红外感知设备、摄像头、智能手机以及各种传感器设备。根据应用的不同，采用的感知设备可能不同。

例如智能社区，感知层设备主要由门磁、微卡口、智能门禁、智能摄像机等实时传感设备组成；而在智能物流系统中，感知层设备主要由 RFID 标签、阅读器组成。感知层是物联网信息和数据的来源，从而达到对数据全面感知的目的。

农业物联网的网络层包括接入网和核心网，接入网可以是无线近距离接入，如无线局域网、Zigbee（短距离、低功耗的无线通信技术）、蓝牙、红外；也可以是无线远距离接入，如移动通信网络、全球微波接入互操作性 WIMax（Interoperability for Microwave Access，World）等；还可能是其他形式的接入，如有线网络接入、卫星通信等。核心网是物联网信息和数据的传输层，将感知层采集到的数据传输到应用层进行进一步的处理。

农业物联网的应用层主要是通过分析、处理与决策，完成从信息到知识，再到控制指挥的智能演化，实现处理问题和解决问题的能力，完成特定的智能化应用和服务。应用层包括数据处理、中间件、云计算、网络安全、网络管理等应用支撑系统，以及基于这些应用支撑系统建立的农业物联网应用，如智慧社区、智慧农业、智慧交通、智慧工业、智慧物流、智能家居等。应用层对物联网信息和数据进行融合处理和利用，达到信息最终为人所使用的目的。

第三节　农业移动互联网

农业移动互联网是互联网技术与移动通信技术完美融合的结果。由于农村居民移动通信的普及率要远远超过计算机的普及率，因此，农业移动互联网应用将是农业信息传输的重要模式，也是未来农业信息传输的发展方向。本章将阐述农业互联网、农业移动通信的技术原理、关键技术和方法，以及两者的融合在农业物联网中的应用，力图使读者对农业移动互联网有一个系统、全面、清晰的认识和了解。

农业移动互联网目前并没有统一的定义。广义上讲，是指移动终端（如手机、笔记本式计算机以及农业物联网系统专用设备等）通过移动通信网络访问互联网并使用农业互联网业务。狭义上讲，移动互联网专指通过手机等移动终端接入互联网及农业服务。农业互联网和农业移动通信作为传统农业迈向以信息化为标志的现代农业的两个重要标志，分别对应着对大量信息资源的快速、高效访问和随时随地的信息监控，二者深度完美融合，才可以使传统农业真正进入信息化和数字化现代农业时代。

互联网（Internet，又称因特网）是国际计算机互联网络。它以 TCP/IP 协议（传输控制协议/网际协议）进行数据通信，把全世界不同国家、不同地区、不同部门和机构的不同类型的计算机及国家主干网、广域网、城域网、局域网通过网络互联设备连接在一起，实现信息交换和资源共享。移动通信（mobile communication）是移动体之间、移动体和固定用户之间以及固定用户与移动体之间，能够建立许多信息传输通道的通信系统。移动通信包括无线传输、有线传输，信息的收集、处理和存储等，使用的主要设备有无线收发信机、移动交换控制设备和移动终端设备。

随着电信网、广播电视网和互联网三网融合，极大地加速了互联网技术和移动通信技术向传统产业的渗透，使得移动通信与互联网加速深度融合，应用范围也越来越广泛，在促进传统农业经济结构调整、改变农业种植、养殖模式等方面发挥着越来越重要的作用，基于 TCP/IP 协议的互联网、基于移动通信协议的移动通信网被广泛应用到现代农业种植、养殖业的数据采集、远距离数据传输和控制，成为农业物联网数据传输的廉价、稳定、高速、有效的主要通道。

第四节　农业互联网的组成和体系结构

一、互联网的组成

互联网主要由硬件系统和软件系统组成。硬件系统主要包括网络中的计算机设备、传输介质和通信连接设备。软件系统主要包括网络操作系统、网络通信软件、网络应用软件。

(一)计算机网络硬件

计算机网络硬件主要包括了网络服务器、网络工作站、传输介质、网卡、集线器、路由器和其他的网络连接设备。

1. **网络服务器**　网络中的服务器运行网络操作系统，负责对网络的管理，提供网络的服务功能和网络共享资源。

2. **网络工作站**　即网络中个人使用的计算机和具有网络通信功能的数据采集节点。

3. **传输介质**　网络中使用的有线传输介质通常有同轴电缆、双绞线、光缆，无线传输介质有微波、红外线。

4. **网卡**　是将计算机连接到网络的硬件设备。局域网网卡的速度有 10 Mbps、100 Mbps 和 1 000 Mbps，现在一般选用 100 Mbps 网卡。

5. **集线器**(hub)　是局域网的一种连接设备，双绞线通过集线器将网络中的计算机连接在一起，完成网络的通信功能。

6. **路由器**　主要用于广域网的接续。在广域网中从一个结点传输到另一个结点时要经过许多的网络，可以经过许多不同的路径。路由器就在从一个网络传输到另一个网络时进行路径的选择，使得信息的传输能经过一条最佳的通道。

（二）计算机网络软件

构成计算机网络除了网络硬件外，还必须有网络软件，主要包括网络操作系统、网络通信协议和网络应用软件。

1. **网络操作系统**　是计算机网络的核心软件。网络操作系统首先应该具有一般操作系统的基本功能。除此以外，网络操作系统还应该具有网络通信功能、网络管理功能、网络服务功能。

（1）网络通信功能：网络操作系统要负责网络服务器和网络工作站之间的通信，接收网络工作站的请求，按照网络工作站的请求提供网络服务，或者将工作站的请求转发到网络以外的点。网络通信功能的核心是执行网络通信协议。

不同的网络操作系统可以有不同的通信协议，要根据需要来进行选择和安装通信协议。

（2）网络管理功能：网络操作系统要有共享资源管理、用户管理、安全管理等管理功能。用户管理是指操作系统要对每个用户进行登记，控制每个用户的访问权限等。安全管理在现代计算机网络中越来越重要，需要采取各种措施来保证网络资源的安全，防止对网络的非法访问，保证用户的信息在通信过程中不受到非法篡改。

（3）网络服务功能：网络服务功能是要为网络用户提供各种各样的服务。传统的计算机网络主要提供共享资源的服务，包括硬件资源和软件资源。现代计算机网络的服务功能往往是和互联网服务功能联系在一起。用户通过网络传递电子邮件、下载文件和软件、浏览和查询网络信息、实现数据通信等。

2. **网络通信协议**　是通信双方在通信时遵循的规则和约定，是信息网络中使用的通信语言。根据组网的不同需要，可以选择相应的网络协议。

TCP/IP 协议是互联网上进行通信的标准协议，若将计算机连接到互联网中，就必须使用 TCP/IP 协议。目前网络操作系统中都内置了网络协议软件，在使用过程中可以根据需求进行相应配置。

3. **网络应用软件**　随着网络使用的普及，网络应用软件发展也非常快。有的网络应用软件是用于提高网络本身的性能，改善网络的管理能力。在网络操作系统中往往就集成了许多这样的应用软件。更多的网络应用软件是为了给用户提供更多、更好的网络应用。这种网络应用软件往往也称为网络客户软件，因为这些软件都是安装和运行在网络客户机上，如浏览器、电子邮件客户软件、FTP 客户软件、BBS 客户软件，以及为满足应用需求开发的数据通信软件等。

二、TCP/IP 体系结构与协议

传输控制协议/网际协议（Transmission Control Protrol/Internet Protocd，TCP/IP）是20 世纪 70 年代为美国军事和政府开发的，但后来逐步发展成为公众网络。OSI 网络体系结构结构非常复杂，其理论结构只适用于研究和学习网络使用。现在 TCP/IP 协议得到了广泛的使用，并成了互联网络体系结构的标准。

TCP/IP 协议将网络体系结构按实用原则划分为四层，从低到高依次为网络接口层、网际层、运输层和应用层。下面简单介绍这四层结构，如表 3-4-1 所示。

表 3-4-1　TCP/IP 体系结构

OSI 参考模型	TCP/IP 参考模型	TCP/IP 协议簇
应用层	应用层	TeInet、FIP、SMTP、HTTP、SNMP
表示层		
会话层		
传输层	传输层	TCP、UDP
网络层	网络层	IP、ICMP、ARP
数据链路层	网络接口层	各种底层网络协议
物理层		

（一）主机到网络接口层

主机到网络接口层（host-to-network layer），简称网络接口层，其主要功能是负责接收从网络层传来的 IP 数据报，并将 IP 数据报封装成适合在物理网络上传输的帧格式后，通过网络接口发送出去；将从物理网络接收到的帧解封装后，取出 IP 数据报向上提交给网络层。

在 TCP/IP 中并没有对网络体系结构的底层特别定义，而是沿用了 OSI/RM 体系结构中的数据链路层和物理层，只是将其合称为网络接口层。网络接口层上实现的标准有 Ethernet、IEEE802.3 的 CSMA/CD、IEEE802.4 的 Token Bus、IEEE802.5 5 的 Token ring、FDDI 以及一个设备的驱动程序等。

（二）网络层

网络层（network layer）的主要功能是提供路由，即选择到达目标主机的最佳路径，并沿该路径传送数据包。除此之外，网络层还要能够消除网络拥挤，具有流量控制和拥挤控制的能力。网络层的功能包括建立和拆除网络连接、路径选择和中继、网络连接多路复用、分段和组块、服务选择和传输和流量控制。网络层中有四个重要的协议：互联网协议 IP、互联网控制报文协议 ICMP、地址转换协议 ARP 和反向地址转换协议 RARP。

网络层的功能主要由网际协议 IP 来提供。除了提供端到端的分组发送功能外，IP 还提供了很多扩充功能。例如，为了克服数据链路层对帧大小的限制，网络层提供了数据分块和重组功能，这使得很大的 IP 数据报能以较小的分组在网上传输。

目前，互联网上 IP 地址短缺的问题已十分突出。尽管 32 位二进制数可以对应于将近 40 亿个 IP 地址，但是 IP 地址的分类，使得 IP 地址不能得到充分利用。特别是如此庞大的 A 类网络，使得相当一部分 IP 地址不能得到实际使用。解决 IP 地址短缺问题的出路在于使用新一代的 IP 协议，即 IPv6 协议。IPv6 协议规定用 128 二进制数表示 IP 地址。

1. IPv4　互联网上每一台主机都有唯一的 IP 地址。为了使信息能够在互联网上正确地传送到目的地，连接到互联网上的每一台计算机必须拥有一个唯一的地址，这个地址用一组数字表示，称为"IP 地址"。网络上不同的设备一定有不同的 IP 地址，但同一设备也可以同时拥有几个 IP 地址。例如，某一路由器如果同时接通几个网络，它就需要有所接各个网络的 IP 地址。IPv4 规定互联网中使用 32 位二进制数作为 IP 地址。在实际使用时，用 4 个十进制数来表示 IP 地址，每个十进制数对应于 IP 地址中的 8 位二进制数的数值，十进制数之间用"."隔开，每个数字不大于255。

2. IPv6　互联网原有的 IPv4 协议面临着一些难以解决的问题，比如地址空间耗尽。同时，IP 应用的扩展对 IP 也提出了新的要求，比如互联网上多媒体信息传播、移动用户的网络接入等，都为 IP 的研究开辟了新的空间。互联网工程特别任务组（IETF）新开发出来的 IPv6 协议，不但解决了旧版本 IPv4 存在的问题，而且还给 IP 带来了一些新特性，使得 IP 协议在地址管理、移动性、安全及多媒体支持方面都有巨大的灵活性。

（三）传输层

传输层也常被称为运输层，其功能是提供端到端的进程间的通信服务。与 OSI/RM 中的传输层作用一样，提供端到端的进程间通信服务，在该层使用端口号来标识不同的进程，使同一个主机收到的不同应用程序传来的数据，分别传到相应的应用程序进行处理，而不至于发生混乱。

在运输层定义了两个协议，即 TCP 协议和 UDP 协议。TCP 协议是可靠的、全双工的、面向连接的协议，其缺点是开销大，连接速度慢，多用于大量数据的传输，如 Web、电子邮件、文件传输等。UDP 协议是无连接、不可靠的协议，多用于传送短的消息，如 SNMP 协议就采用 UDP 协议来传输管理信息。

（四）应用层

应用层的功能是为用户的应用进程提供服务。在 TCP/IP 中，没有 OSI/RM 的会话层和表示层，而是将这两层的功能合并到应用层。应用层是 TCP/IP 体系结构的最高层，它确定通信进程的性质并实现用户的服务请求。在应用层上包含了所有的高层协议，如 TELNET、FTP、SMTP、DNS、HTTP 和 NNTP 等。其中，用于远程登录的 TEL-NET 协议，是一个虚拟终端协议，使用它允许一台计算机上的用户登录到远程服务器上并进行操作。

第五节　农业移动通信技术

移动通信是移动体之间、移动体和固定用户之间以及固定用户与移动体之间，能够建立许多信息传输通道的通信系统。移动通信包括无线传输、有线传输，信息的收集、处理和存储等，使用的主要设备有无线收发信机、移动交换控制设备和移动终端设备。随着农业信息化水平的提高，移动通信逐渐成为农业信息远距离传输的重要及关键技术。

移动通信系统从 20 世纪 80 年代诞生以来，2023 年已经经历了 5 代的发展历程，到 2010 年，从第 3 代过渡到第 4 代（4G）到 5G，除蜂窝电话系统外，宽带无线接入系统、毫米波 LAN、智能传输系统（ITS）和同温层平台（HAPS）系统已投入使用。未来几代移动通信系统最明显的趋势是要求高数据传输速率、高机动性和无缝隙漫游。实现这些要求在技术上将面临更大的挑战。此外，系统性能（如蜂窝规模和传输速率）在很大程度上将取决于频率的高低。考虑到这些技术问题，有的系统将侧重提供高数据速率，有的系统将侧重增强机动性或扩大覆盖范围。

（一）第一代农业移动通信技术：模拟语音

模拟语音的早期发展阶段为 20 世纪 20 年代到 40 年代。当时在我国运行的900MHz 第一代移动通信系统（TACS）模拟系统和第二代移动通信系统（GSM）数字系统都属于这一类。就是说移动台的移动交换中心与公共的电话交换网（就是我们平时所说的电话网 PSTN）之间相连，移动交换中心负责连接基站之间的通信，通话过程中，移动台（比如手机）与所属基站建立联系，由基站再与移动交换中心连接，最后接入到公共电话网。基于模拟语音的第一代农业移动互联技术基本上以 TACS 为基础进行技术集成，以村镇为单位建立了规模较小的农信机和农用电话，仅仅覆盖了部分经济发达地区，大部分地区停留在初级信息传输阶段。

（二）第二代农业移动通信技术：数字语音

常见的蜂窝系统包括 GSM 和码分多址（code division multiple access，CDMA），都属于第二代通信技术。第二代农业移动互联技术以 2G 为技术核心拓展，当时在全球范围内广泛使用。和第一代不同，第二代农用移动电话是数字制式的，不仅能够进行传统的语音通信，还能收发短信和各种多媒体短信。

（三）第三代农业移动通信技术：数字语音与数据

随着农业数字信息更加多元化，许多移动通信用户要求的不只是随时随地地进行语音交流和收发短信或者电子邮件，更期望的是能够快速地处理图像、视频等多媒体信息，并且同时能够享用各种流媒体服务、农业视频远程诊断、远程田间监控等信息服务。第三代移动互联技术正是基于 3G 技术发展起来的，3G 不仅能够提供所有 2G的信息化业务，同时在农业视屏远程诊断、远程农业监控等方面能够保证更快的速度，以及更全面的业务内容。

在 2007 年，我国部分经济发达区域开始了第三代农业移动农网的建设，五年时间，移动农网工作在这些地区蓬勃开展。台信息机、台农信机，覆盖大部分涉农部门，共发送信息 236.2 万条，其中信息机 145.6 万条，农信机 90.6 万条。短信发送内容涉及党务、政务、节日问候、农业生产技术和政策、市场信息、天气预报、旅游、果品成熟采摘、森林防火、病虫害防治等几大部分，基本满足在工作、农业生产和农民生活中的信息需求，应用效果逐步显现。第三代农业移动互联技术正在逐步推广并成为当前农业移动互联技术的主力军。

(四) 第四代农业移动通信技术：4G

4G 是第四代移动通信及其技术的简称，是集 3G 与 WLAN 于一体并能够传输高质量视频图像以及图像传输质量与高清晰度电视不相上下的技术产品。4G 系统能够以 100 Mbps 的速度下载，比拨号上网快 2 000 倍，上传的速度也能达到 20 Mbps，并能够满足几乎所有用户对于无线服务的要求。而在用户最为关注的价格方面，4G 与固定宽带网络在价格方面不相上下，而且计费方式更加灵活机动，用户完全可以根据自身的需求确定所需的服务。此外，4G 可以在 DSL 和有线电视调制解调器没有覆盖的地方部署，然后再扩展到整个地区。很明显，4G 有着不可比拟的优越性。

(五) 第五代农业移动通信技术：5G

5G 移动通信技术已基本覆盖全国。它是第五代移动通信技术的简称，主要针对超高速数据传输、高可靠性、低延迟、大容量的需求。5G 技术将为人们提供更快、更智能、更可靠的无线网络连接，以及更多的机会与挑战。它已经改变了人们与设备互动、商业模式、网络架构和供应链体系等方面。与当前的 4G 技术相比，5G 技术具有更高的频率、更高的带宽和更快的速度，这使得它能够支持更多的设备连接、更多的流媒体和更复杂的应用程序。5G 技术已经为各种行业带来更多的机会和挑战，包括农业物联网、智慧城市、智能交通、工业自动化、医疗保健以及虚拟和增强现实等领域。

第五代农业移动通信技术(5G 农业)是指利用 5G 网络技术，为农业领域提供更快速、更稳定、更安全的通信服务，同时结合人工智能、大数据等技术，为农业生产和管理带来更高效、更科学、更智能的解决方案。

5G 农业的应用场景包括农业物联网、精准农业、智慧农村建设等。通过在农业生产环节中安装物联网传感器，可以实时采集土壤温度、湿度、氧气浓度等数据，为精准农业提供数据支持。同时，5G 技术可以加速数据传输速度，提高监测效率。智能农村建设利用 5G 技术，可以实现农业机器人、自动化种植、有源式光伏发电、数字化畜牧等。5G 农业的实施可以提高农业生产效率、优化资源利用、改善生态环境等，加快了中国农业现代化进程。

本章小结

本章主要讲解了农业物联网信息传输架构；讲解了农业物联网有线和无线传输技术；讲解了农业互联网硬件和软件组成，特别是 TCP/IP 协议栈各层功能；最后讲解农业移动通信技术及这些技术在农业物联网中发挥的作用。

练习题

一、填空题

1. 农业信息传输方式按照传输介质分类可以分为＿＿＿＿和＿＿＿＿。

2. ＿＿＿＿总线是目前国外大型农机设备普遍采用的一种标准总线，它是一种有效支持分布式控制或实时控制的＿＿＿＿网络。

3. 农业信息传输中能够通过＿＿＿＿无线通道实现与采集模块的数据通信。

4. 在短距离无线通信方式中，＿＿＿＿和＿＿＿＿虽然起步较晚，但却发展迅速，在农业信息传输中也得到了越来越多的应用。

5. Internet 主要由＿＿＿＿系统和＿＿＿＿系统组成。

6. 5G 农业的应用场景包括＿＿＿＿、＿＿＿＿、智慧农村建设等。

7. 5G 技术为人们提供更快、更智能、更可靠的＿＿＿＿连接，以及更多的机会与挑战。

8. 在运输层定义了两个协议，即＿＿＿＿协议和＿＿＿＿协议。

二、简答题

1. 什么是信息传输技术？主要应用在哪些方面？

2. 应用层的功能有哪些？

3. 农业区块链技术的主要优势包括哪些方面？请简要说明。

4. 计算机网络的硬件有哪些设备？

三、论述题

1. 简述农业区块链技术的主要优势有哪些？

2. 简述第五代移动通信技术对我们的影响。

下　篇

气象站系统集成和应用

农田小气候指农田中作物层里形成的特殊气候。对农作物的生长、发育、产量以及病虫害都有很大影响。

农田小气候气象站，也叫田间小气候气象站、农业气象站。它可以根据园区所处的地势、方位、土壤性质及林果状况差异的不同，进行全天候掌握收集区域内的小气候气象数据，为园区管理人员提供精准的作物生长发育和提高产量所需要的重要环境信息。

为了解园区内植物的生长环境，并更好地选择和改善作物的生长环境，技术人员要时常监测园区的环境变化，提供空气温度、空气湿度、土壤湿度、土壤温度、光照度、蒸发量、降雨量、风速、风向、气压、总辐射量、光合有效辐射等多项环境因子数据信息的实时采集和传输。园区管理人员可根据以上气象要素数据，结合天气变化尽早对农事生产、病虫害防治、农作物灌溉、追肥等进行技术指导，充分发挥气象站对农业生产的科技支撑作用，最大限度防御和减轻农业气象灾害，助力农业增产增收。

智慧农业气象站的设计需要考虑使用场地和功能需求，同时需要依据中国气象局等颁布的行业标准。本项目将从项目设计、设备安装与调试、云平台接入等方面讲解。

知识目标

◈ 了解农业气象站的基本概念。

◈ 学会农业气象站设备的安装流程。

◈ 了解云平台的基本知识。

技能目标

◈ 能正确安装农业气象站设备。

◈ 能正确调试农业气象站设备。

◈ 能正确接入云平台。

◈具有良好的文字表达与沟通能力。

◈具有质量意识、环保意识、安全意识。

◈具有信息素养、创新思维、工匠精神。

◈具有较强的集体意识和团队合作精神。

任务一　安装气象站设备

一、任务描述

农业气象站的设计需要充分考虑使用场景和需求，以此选择满足功能需求的设备，在此基础上考虑中国气象局等部门颁布的行业标准。本任务将从设计需求和遵循标准角度出发，重点讲解气象站传感器的类型、主要参数及安装步骤。

本次任务需搭建气象站系统，实现对农业区气象数据的监测。需要监测园区内的温度、湿度、噪声、风向、风速、雨量、蒸发量、大气压力、PM2.5、光照等多个农业气象要素。气象监测要求系统具有良好通信的同时，能够适应恶劣的自然环境，如高温、低温、冰雹、雷电等。同时该系统需能存储一年以上的数据，并可随时在人机界面观测当前的气象信息。

农业气象站主要由供电部分、数据采集部分、数据传输部分组成，具体功能如下：

1. **供电部分**　采用自适应太阳能供电系统。

2. **数据采集部分**　数据采集部分是气象站的核心部分，可实现定时采集农田现场的多项气象环境信息，主要利用采集器实现现场气象参数的采集。主要采集的要素包括空气温度和相对湿度、植物冠层温度、二氧化碳、有效光合辐射、地表温度、地下10 cm温度、地下20 cm温度等，采集器采集数据之后发送到采集器的液晶屏显示。

3. **数据传输部分**　农业气象站数据传输部分包括两个方面，一方面是自动气象监测仪的液晶屏现场显示；另一方面是远程数据的传输。现场数据的传输是指从采集器到液晶屏的数据传输，传输的数据为采集器采集到的现场气象参数，传输方式采用总线RS232方式。远程数据传输主要依靠无线网络实现，传感器采集终端间通过ZigBee自组网的方式，采集终端和监控中心之间的数据传输采用LoRa扩频传输技术实现，监控中心将数据通过移动通信网络或光纤上传至云端(外网)服务器。

二、任务分析

气象站系统硬件需具备较强的抗干扰性与较好的稳定性，以适应所在区域的恶劣气候条件。各传感器采集精度、量程、响应时间需要满足要求，并且要低功耗、性能稳定；对于采集器，如果部署于雷雨区，需重点做好防雷措施。气象站系统的防雷主要包括采集器 485 通信端防雷、传感器接口防雷、电源防雷和设施区地网防雷等四大块的防雷。

气象站系统的上位机软件应该实现实时气象数据的读取、历史气象数据的下载。实时数据采集界面能将各气象数据生成图表，并以十进制形式直观展现，以实现快速数据统计分析。

三、任务实施

步骤一：安装一体式气象站传感器

(一) 产品概述

一体式气象站是集风速、风向、温湿度、噪声、PM2.5/PM10、CO_2 浓度、大气压力、光照强度于一体，可广泛适用于环境检测的传感器设备。设备采用标准 ModBus – RTU 通信协议，用 RS485 总线输出信号，通信距离最远可达 2 000 米，并支持二次开发。

因产品内置电子指南针，安装时无方位要求，只需确保水平安装即可。该产品广泛适用于需要测量环境温湿度、噪声、空气质量、CO_2 浓度、大气压力等环境信息的各种场合，如大田、海运船舶、汽车运输。产品外观美观、安全可靠、安装方便，如下图所示。

图 1 - 1 - 1 一体式气象站传感器

(二) 工具与器材

1. 工具 螺丝刀(1 套)、斜口钳(1 个)、剥线钳(1 个)。

2. 器材 智慧农业实验台(1 台)、一体式气象站传感器(1 个)、M4 螺丝 + 螺母(若干)、M3 螺丝 + 螺母(若干)、M2 螺丝 + 螺母(若干)、线材(若干)、扎带(若干)。

(三)传感器参数

1. 工作电压 直流供电 12 VDC(默认)。

2. 最大功耗 RS485 输出 0.8 W。

3. 测量精度

(1)风速: ±(0.2 m/s ± 0.02 × V)(V 为真实风速)。

(2)风向: ±3°。

(3)湿度: ±3% RH(60% RH、25 ℃)。

(4)温度: ±0.5 ℃(25 ℃)。

(5)大气压强: ±0.15 Kpa(25 ℃)。

(6)噪声: ±3 db。

(7)PM10/PM2.5: ±10%(25 ℃)。

(8)CO_2 浓度: ±7%(40 PPm + 3% F·S)(25 ℃)。

(9)光照强度: ±7%(25 ℃)。

4. 量程

(1)风速: 0 ~ 60 m/s。

(2)风向: 0 ~ 359°。

(3)湿度: 0 ~ 99% RH。

(4)温度: −40 ~ +120 ℃。

(5)大气压强: 0 ~ 120 Kpa。

(6)噪声: 30 ~ 120 dB。

(7)PM10/PM2.5: 0 ~ 1 000 μg/m³。

(8)CO_2 浓度: 0 ~ 5 000 ppm。

(9)光照强度: 0 ~ 200 000 Lux。

5. 响应时间

(1)风速: ≤1 s。

(2)风向: ≤1 s。

(3)湿度: ≤1 s。

(4)温度: ≤1 s。

(5)大气压强: ≤1 s。

(6)噪声: ≤1 s。

(7)PM10/PM2.5: ≤90 s。

(8)CO_2 浓度: ≤90 s。

(9)光照强度: ≤0.1 s。

6. 通信协议 RS485(标准 ModBus 通信协议)。

（四）壳体尺寸及外观

一体式气象站尺寸如下图所示。

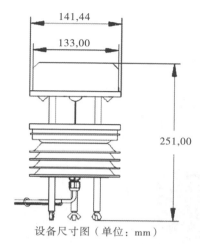

设备尺寸图（单位：mm）

图 1 - 1 - 2　一体式气象站尺寸图

（五）设备安装

使用两套 M2 螺丝和螺母，将传感器 LoRa 节点固定在实验台的格板上。建议通过节点上侧两孔水平固定，如图 1 - 1 - 3 和图 1 - 1 - 4 所示。

使用两套 M3 螺丝和螺母将一体式气象站固定在实验台的格板上，建议采用对角安装，如图 1 - 1 - 5 所示。

图 1 - 1 - 3　传感器节点固定

图 1 - 1 - 4　传感器节点固定

图 1 - 1 - 5　气象站固定安装

（六）导线安装

一体式气象站的通信方式为 RS485 总线，由 2 根电源线和 2 根通信线共 4 根导线组成。电源线：棕色接 12 VDC，黑色接地（G）。通信线：黄色接 A，蓝色接 B。

（1）使用剥线钳将一体式气象站的 4 根线上的绝缘胶去掉，如图 1 - 1 - 6 所示。

（2）使用一字螺丝刀将剥好的线芯按顺序接在端子上，线芯顺序可查看传感器节点的接线端口，如图 1 - 1 - 7 所示。

（3）将接好的端子插到传感器节点上，如图 1 - 1 - 8 所示。

（4）将 12 VDC 电源线的圆孔一端插入传感器节点的电源孔中，如图 1 - 1 - 9 所示。

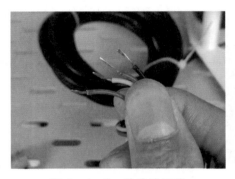

图 1 - 1 - 6　绝缘线剥线

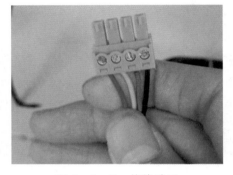

图 1 - 1 - 7　接线端子

图 1 - 1 - 8　传感器节点接线方式

图 1 - 1 - 9　传感器节点电源线连接示意图

将电源线从格板的格孔穿到另一面，并沿走线槽布放到电源接线端子附近。最后将电源线接在 12 V 电源上。至此，一体式气象站和节点安装完成。图 1 - 1 - 10 展示了一体式气象站与节点的安装示意图。

一体式气象站和节点安装过程中的注意事项如下：

1）传感器节点的 A、B 两根通信线请勿接反；

2）传感器节点的 12 VDC、G 两根电源线请勿接反；

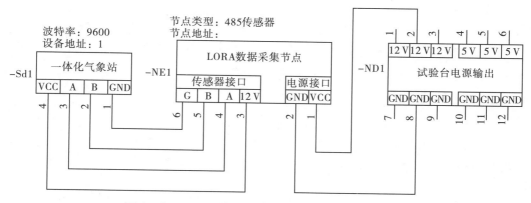

图 1 - 1 - 10　一体式气象站与节点安装走线示意图

3）传感器节点不能使用超过 12 VDC 的电源进行供电；

4）接在同一电源端子上的设备数量不宜过多，传感器与节点、节点与电源端子之间布线不宜过长，应采用就近供电原则，如果布线过长，应增加增强器、终端电阻；

5）设备安装螺丝尽量以对角进行紧固；

6）布线应保持横平竖直，设备布局保持上下对称，左右对齐，布局合理；

7）安装设备时必须断电。

步骤二：安装风向传感器

（一）产品概述

风向传感器如下图所示，外形小巧轻便，便于携带和组装，壳体采用优质铝合金型材，表面进行电镀喷塑处理，具有良好的防腐、防侵蚀性，保证仪器使用寿命，壳体内部安装有顺滑的轴承系统，确保信息采集的精确性。这款风向传感器被广泛应用于温室、气象站、船舶、码头、养殖场等环境的风向测量。

图 1 - 1 - 11　风向传感器

（二）功能特点

（1）量程：8 个指示方向。

（2）防电磁干扰处理。

（3）采用高性能进口轴承，转动阻力小，测量精准。

（4）全铝外壳，机械强度大，硬度高，耐腐蚀、不生锈，可长期使用于室外。

（5）设备结构及重量经过精心设计及分配，转动惯量小，响应灵敏。

（6）标准 ModBus – RTU 通信协议，接入方便。

（三）实验器材

1. **工具**　螺丝刀（1 套）、斜口钳（1 个）、剥线钳（1 个）。

2. **器材**　智慧农业实验台（1 台）、风向传感器（1 个）、传感器节点（1 个）、M4 螺丝 + 螺母（若干）、M3 螺丝 + 螺母（若干）、M2 螺丝 + 螺母（若干）、线材（若干）、扎带（若干）。

（四）传感器参数

1. **工作电压**　直流供电 12 VDC。

2. **工作温湿度**　– 20 ～ + 60 ℃，0 ～ 80% RH。

3. **通信参数**

（1）接口：RS485 总线（ModBus）协议。

（2）波特率：2 400、4 800（默认）、9 600。

（3）数据位长度：8 位。

（4）奇偶校验方式：无。

（5）停止位长度：1 位。

（6）ModBus 通信地址：6（可设置）。

（7）支持功能码：03。

4. **测量范围**　8 个指示方向。

5. **动态响应速度**　≤0.5 s。

6. **备注**　ModBus 通信地址可以通过软件进行修改。壳体尺寸如下图所示。

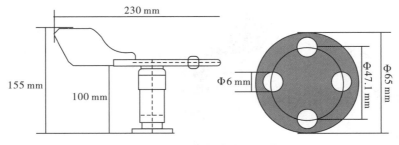

图 1 – 1 – 12　风向传感器尺寸图

（五）设备安装

使用两套 M2 螺丝和螺母将传感节点固定在实验台格板（竖直背板）上，建议通过上端两孔紧固螺丝。如果设备长期服役，建议将节点的四孔全部固定在隔板上。节点安装效果和固定方式如图 1 – 1 – 13 和 1 – 1 – 14 所示。

使用四套 M3 螺柱和螺母将风向传感器固定在格板上。为了获得准确数据，风向传感器要求固定在隔板最顶层，不允许周边有物体挡风。固定传感器的 4 个螺丝一定要紧固且位于同一平面，确保风向传感器水平安装。如图 1-1-15 所示。

图 1-1-13　传感器节点安装效果

图 1-1-14　传感器节点固定

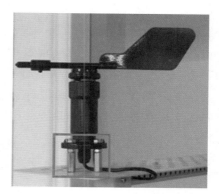

图 1-1-15　风向传感器固定

(六) 安装导线

风向传感器采用 RS485 总线通信，共有 4 根导线，其中电源线的接线方式：棕色接 12 VDC，黑色接 G。通信线接线方式：绿色接 A，蓝色接 B。节点的接线方式与步骤一中一体式气象站节点相同。

(1) 使用剥线钳将风向传感器的 4 根线上的绝缘胶去掉，如图 1-1-16 所示。

(2) 使用一字螺丝刀将剥好的导线按照节点上标注的线序接在传感器节点的端子上，如图 1-1-17 所示。

图 1-1-16　绝缘线剥线

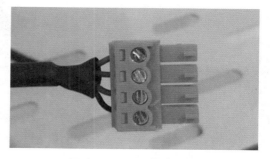

图 1-1-17　接线端子

（3）将接线端子插入节点 RS485 通信接口。

（4）用电源线将节点连接到 12 VDC 电源上。具体步骤与一体式气象站相同。

（七）注意事项

（1）用户不得自行拆卸传感器和节点，更不能触碰传感器芯体，以免造成产品损坏。

（2）尽量远离大功率干扰设备，如变频器、电机等，以免影响测量精度。传感器和节点内部应该避免进水，有水进入会导致不可逆转的变化。

（3）防止化学试剂、油、粉尘等直接侵害传感器，勿在结露、极限温度环境下长期使用，严防冷热冲击。

（4）传感器节点的 A、B 两根通信线请勿接反。

（5）传感器节点的 12 VDC、G 两根电源线请勿接反。

（6）传感器节点不能使用超过 12 VDC 的电源进行供电。

（7）接在同一电源端子上的设备数量不宜过多，传感器与节点、节点与电源端子之间布线不宜过长，应采用就近供电原则，如果布线过长，应增加增强器、终端电阻。

（8）设备安装螺丝尽量以对角进行紧固。

（9）布线应保持横平竖直，设备布局保持上下对称，左右对齐，布局合理。

（10）安装设备时必须断电。

步骤三：安装风速传感器

（一）产品概述

风速传感器外形小巧轻便，便于携带和组装，壳体采用优质铝合金型材，外部进行电镀喷塑处理，具有良好的防腐、防侵蚀等特点，能够保证仪器长期使用而不会生锈，内部安装有顺滑的轴承系统，确保信息采集的灵敏性、精确性。风速传感器被广泛应用于大田、温室、气象监测站、船舶、码头等场所的风速测量，其外观如下图所示。

图 1-1-18　风速传感器

（二）功能特点

（1）产品经特殊处理，具有防电磁干扰能力。

（2）采用底部出线方式，杜绝线缆外皮老化问题，并起到防水效果。

（3）采用高性能进口轴承，转动阻力小，测量精确。

（4）全铝外壳，机械强度大，硬度高，耐腐蚀、不生锈，可长期应用于室外。

（5）设备结构及重量经过精心设计及分配，转动惯量小，响应灵敏。

（6）标准 ModBus – RTU 通信协议，接入方便。

（三）风速传感器参数

1. 工作电压　12 VDC。

2. 工作温湿度　– 20 ～ + 60℃，0 ～ 80% RH。

3. 通信接口

（1）RS485（ModBus）通信协议。

（2）波特率：2 400、4 800（默认）、9 600。

（3）数据位长度：8 位。

（4）奇偶校验方式：无。

（5）停止位长度：1 位。

（6）ModBus 通信地址：7（可通过软件进行修改）。

（7）支持功能码：03。

4. 分辨率　0.1 m/s。

5. 测量范围　0 ～ 60 m/s。

6. 动态响应速度　≤0.5 s。

7. 精度　±（0.2 + 0.03V）m/s（V 表示风速）。

8. 壳体尺寸　200 mm × 200 mm × 125 mm（图 1 – 1 – 19）。

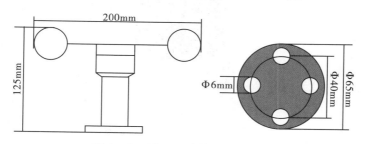

图 1 – 1 – 19　风速传感器尺寸图

（四）设备安装

　　风速传感器和节点的安装步骤、要求与风向传感器相同。为了获得准确数据，风速传感器也要求置于隔板顶部，周边不能有物体挡风。固定传感器的 4 个螺柱一定要紧固且位于同一平面，确保传感器水平安装。风速传感器安装效果如图 1 – 1 – 20 所示。

（五）安装导线

　　风速传感器及节点的导线安装步骤、要求与

图 1 – 1 – 20　风速传感器安装效果

一体式气象站(或风向传感器)一致,可概括为剥线、安装端子、布线、安装电源线几个过程。详细过程不再赘述。

(六)注意事项

风速传感器及节点安装的注意事项与一体式气象站(或风向传感器)一致。此外特别强调,为了测量精确,风速传感器应该放置于安装架的最顶端,周边不能挡风。固定风速传感器的4个螺柱一定要紧固,确保风速传感器的底座位于同一平面(不能倾斜)。

步骤四:安装微型翻斗式雨量计传感器

(一)产品概述

PR-YL-N01-3003型翻斗式雨量传感器是一种水文气象仪器,用于测量自然界降雨量。它将降雨量脉冲信号转换为RS485信号输出,方便信号传输、处理和显示,原始信号无须二次运算即可直接读取。微型翻斗式雨量传感器主要由翻斗承雨器部件和计量部件组成。核心部件翻斗采用三维流线型设计,使翻水更加流畅,且具有自涤灰尘的功能。该传感器广泛应用于气象台(站)、水文站、农林场、野外观测站等部门,其外观如下图所示。

图1-1-21　微型翻斗式雨量计传感器

(二)功能特点

(1)体积小,安装方便。

(2)精度高、稳定性好。

(3)仪器外壳用ABS工程塑料制成,不起锈且美观。

(4)承雨口采用ABS工程塑料注塑而成,光洁度高,滞水产生的误差小。

(三)微型翻斗式雨量计传感器参数

1. **工作电源**　12 VDC。

2. **工作温度**　0~50 ℃。

3. **工作湿度**　<95%(40 ℃)。

4. **精度**　≤±2%。

5. **测量范围**　0~4 mm/min。

6. **通信协议**　RS485(Modbus)通信协议。微型翻斗式雨量计传感器壳体尺寸如图1-1-22所示。

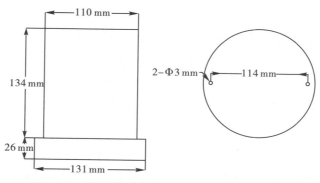

图 1 - 1 - 22 微型翻斗式雨量计传感器尺寸图

（四）设备安装

（1）设备安装所需工具与一体式气象站的安装工具相同。使用 M2 螺丝和螺母将传感器节点固定在实验台后背板上，使用上端两孔紧固节点，保持节点端正，如图 1 - 1 - 23 所示。

（2）使用螺丝刀将雨量计的盖子拆开，使用斜口钳将捆在翻水斗上的扎带剪断，如图 1 - 1 - 24 所示。

图 1 - 1 - 23 传感器节点固定方式

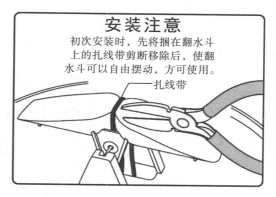

图 1 - 1 - 24 翻水斗扎带拆除

（3）使用 M2 螺钉、螺母将翻水斗底座固定在实验台隔板上，应将螺钉从底座螺孔中穿下，将螺母置于隔板下面，进行紧固，如图 1 - 1 - 25 所示。

图 1 - 1 - 25 翻水斗底座安装示意

（五）导线安装

微型翻斗式雨量计传感器的导线为 RS485 总线，共有 4 根线芯，2 根为电源线，另外 2 根为通信线。需要将传感器的 4 根导线剥皮，按线序接在塑料端子上，将端子插入节点的通信接口。将电源线的圆孔一端插入节点的电源口，另一端接在实验台 12 VDC 电源端子上。用扎带将 RS485 总线和电源线固定在实验台的走线盒内，确保走线横平竖直、美观。

（六）注意事项

从包装箱中取出雨量筒后，请反时针旋转外壳，使外壳和底盘分离开。将雨量筒内部翻斗上的扎线带剪断，使翻斗可以自由翻动。当用螺钉固定好底座后，再重新装上外壳并顺时针旋转扣紧。扎线带的作用是避免运输途中翻斗脱落，若需要重新运输雨量筒，请仍在此位置捆绑一个扎线带固定好翻斗。

RS485 总线、电源线的安装注意事项与风向传感器一致，此处不再赘述。

步骤五：安装雨雪传感器

（一）产品概述

雨雪传感器主要用来检测自然界中是否出现了降雨或者降雪的设备。本传感器采用交流阻抗测量方式，电极使用寿命长，不会出现氧化问题。它可广泛应用于环境、温室、养殖、建筑、楼宇等场所，定性测量有无雨雪。产品安全可靠，外观美观，安装方便。雨雪传感器外观如下图所示。

图 1-1-26　雨雪传感器

（二）功能特点

采用交流阻抗原理测量传感器表面是否有雨雪，该方式可以有效避免电极发生氧化电解，极大地提高寿命。雨雪测量结果精准，误报率几乎为零。选配有加热功能，当检测到气温低时，自动启用下雪加热功能来加速去雪冰，使得测量的速率加快。

（三）雨雪传感器参数

1. 工作电压　12 VDC。

2. 工作功率　0.4 W。

3. **工作温度**　＜15 ℃。

4. **支持功能码**　03、06。

5. **默认 ModBus 地址**　08（ModBus 通信地址可以通过软件进行修改）。

6. **通信协议**　RS485（ModBus 协议）。

7. **壳体尺寸及外观**　89 mm×60 mm×38 mm。

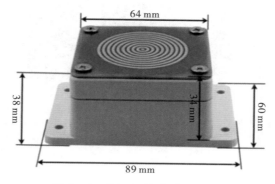

图 1 -1 -27　雨雪传感器尺寸图

（四）工具与器材

1. **工具**　螺丝刀（1 套）、斜口钳（1 个）、剥线钳（1 个）。

2. **器材**　智慧农业实验台（1 台）、雨雪传感器（1 个）、传感器节点（1 个）、M4 螺丝＋螺母（若干）、M3 螺丝＋螺母（若干）、M2 螺丝＋螺母（若干）、线材（若干）、扎带（若干）。

（五）设备安装

（1）使用 M2 螺丝和螺母将传感节点固定在实验台背板上，若是临时安装，可用两对螺丝固定上侧两孔，若是长期安装使用，建议将节点 4 孔全部紧固，如图 1 -1 -28 所示。节点安装要求布局合理、左右齐高不倾斜。

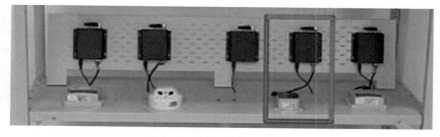

图 1 -1 -28　节点固定示意

（2）使用两对或四对 M2 螺丝螺母将雨雪传感器固定在节点正前方（或侧前方）的水平隔板上，螺母置于隔板下侧。如果使用两对螺丝螺母，建议对角线固定，如图 1 -1 -29 所示。

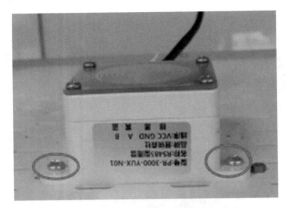

图 1 - 1 - 29   雨雪传感器固定示意

(六)导线安装

雨雪传感器及节点的导线安装步骤、要求与一体式气象站(或风向传感器)一致,可概括为剥线、安装端子、布线、安装电源线几个过程。详细过程不再赘述。

(七)注意事项

雨雪传感器和节点安装过程中的注意事项与风向传感器一致。

步骤六:安装紫外线传感器

(一)产品概述

PR - 3002 - UVWS - N01 是一款紫外线传感器,又称变送器。本产品基于光敏元件将紫外线转换为可测量的电信号原理,实现紫外线的在线监测。电路采用美国进口工业级微处理器芯片,确保产品优异的可靠性和高精度测量。支持温湿度测量。产品输出 RS485信号(标准 Modbus - RTU 协议),最远通信距离 2 000米。产品外壳为壁挂高防护等级外壳,防护等级 IP65,防雨雪。本产品可以广泛应用在环境监测、气象监测、农林业等环境中。测量大气以及人造光源环境下的紫外线强度,同时测量环境温湿度。紫外线传感器外观如图 1 - 1 - 30 所示。

图 1 - 1 - 30   紫外线传感器外观

(二)功能特点

(1)采用对 240 ~ 370 nm 高敏感的紫外线测量器件,精准测量紫外线强度。

(2)透视窗采用高品质透光材料,紫外线透过率超过 98% ,避免了因传统 PMMA、PC 材料对紫外线的吸收导致紫外线测量值偏低的问题。

(3)产品采用 485 通信接口,标准 ModBus - RTU 通信协议,通信地址及波特率可设置，最远通信距离 2 000 米。

（4）壁挂防水壳，防护等级高，可用长期用于室外雨雪环境。

（5）10～30 V 直流宽电压供电。

（三）传感器参数

1. **工作电压**　12 VDC。

2. **最大功耗**　0.1 W。

3. **紫外线指数量程**　0～15（紫外线强度量程在 0～450 mW/cm^2）。

4. **波长范围**　240～370 nm。

5. **温湿度量程**　－40～＋80℃，0～80% RH。

6. **精度**　紫外线强度为 ±10% FS、湿度为 ±3% RH（60% RH，25℃）、温度为 ±0.5 ℃（25 ℃）。

7. **响应时间**　温度≤0.1 ℃/y，湿度≤1%/y，紫外线强度 0.2 s，紫外线指数 0.2 s。

8. **通信协议**　RS485（Modbus 协议）。

9. **壳体尺寸**　110 mm×85 mm×44 mm，见图 1－1－31。

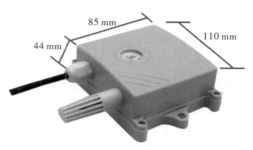

图 1－1－31　紫外线传感器尺寸图

（四）安装工具

1. **工具**　螺丝刀（1 套）、斜口钳（1 个）、剥线钳（1 个）。

2. **器材**　智慧农业实验台（1 台）、紫外线传感器（1 个）、传感器节点（1 个）、M4 螺丝＋螺母（若干）、M3 螺丝＋螺母（若干）、M2 螺丝＋螺母（若干）、线材（若干）、扎带（若干）。

（五）设备安装

紫外线传感器和节点的安装过程可参考雨雪传感器和节点的安装方法。下图为安装效果。

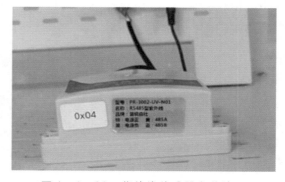

图 1－1－32　紫外线传感器安装效果

(六)导线安装

紫外线传感器和节点导线安装过程与本任务前几个传感器和节点的导线安装过程相同。此外不再赘述。

(七)注意事项

RS485 总线、电源线的安装注意事项与风向传感器一致,此处不再赘述。需要强调,此设备安装时应使传感器感光面垂直于光源。

步骤七:安装 CO₂ 温湿度一体传感器

(一)产品概述

该传感器广泛适用于农业大棚、花卉培养等需要二氧化碳、光照度及温湿度监测的场合。传感器内输入电源、感应探头、信号输出三部分完全隔离。安全可靠,外观美观,安装方便。CO_2 温湿度一体传感器如图 1 - 1 - 33 所示。

图 1 - 1 - 33　CO₂ 温湿度
一体传感器

(二)功能特点

本产品采用高灵敏度的气体检测探头,信号稳定,精度高。具有测量范围宽、线形度好、使用方便、便于安装、传输距离远等特点。室内、室外均可实用,外壳为 IPV65 全防水材料,可应用于各种恶劣环境。

(三)传感器参数

1. **供电电源**　10 ~ 30 VDC。

2. **平均电流**　< 85 mA。

3. **CO_2 测量范围**　400 ~ 5 000 ppm(可定制)。

4. **CO_2 测量精度**　± (40 ppm + 3% F·S) (25 ℃)。

5. **温度测量范围**　- 40 ~ 80 ℃。

6. **温度测量精度**　± 0.5 ℃。

7. **湿度测量范围**　0 ~ 100% RH。

8. **湿度测量精度**　± 3% RH。

9. **工作温度**　- 10 ~ + 50 ℃。

10. **工作湿度**　0% ~ 80% RH。

11. **数据更新时间**　2 s。

12. **响应时间**　90% 阶跃变化时一般小于 90 s。

13. **通信协议**　RS485(ModBus 协议)。

14. **壳体尺寸**　110 mm × 85 mm × 44 mm(图 1 - 1 - 34)。

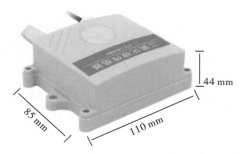

图 1 - 1 - 34　CO₂ 温湿度一体传感器尺寸

（四）安装工具

CO_2 温湿度一体传感器和节点的安装工具与前面几个传感器和节点安装工具相同，此外不再赘述。

（五）设备和导线安装

设备、导线安装过程与前面几个传感器和节点安装过程相同。唯一不同之处在于 CO_2 温湿度一体传感器有 6 个固定螺孔。

（六）注意事项

RS485 总线、电源线的安装注意事项与风向传感器一致，此处不再赘述。

步骤八：安装声光报警器传感器

（一）产品概述

图 1 − 1 − 35　声光报警器

声光报警器（又叫声光警号）是一种用在危险场所，通过声音和各种光来向人们发出示警信号的一种报警信号装置。防爆声光报警器适用于安装在含有 ⅡC 级 T6 温度组别的爆炸性气体环境场所，也可使用于石油、化工等行业具有防爆要求的 1 区及 2 区防爆场所，还可在露天、室外使用。非编码型设计可以和国内外任何厂家的火灾报警控制器配套使用。当生产现场发生事故或火灾等紧急情况时，火灾报警控制器送来的控制信号启动声光报警电路，发出声和光报警信号，实现报警目的，也可同手动报警按钮配合使用，实现简单的声光报警。其外形如图 1 − 1 − 35 所示。

（二）功能特点

LED 声光报警器能见度高，使用中无须保养。声光报警灯的灯罩在保持高亮度的同时，又不失经典的视觉设计，内置独特的滤镜系统能有效地扩散 LED 灯光。耗电量约为白炽灯泡的一半。可用连续快速的三频闪光产生强烈的视觉冲击，警示效果更佳。

（三）声光报警器参数

1. **可选电压**　DC12 V/DC24 V/DC36 V/DC48 V、AC36 V/AC48 V/AC110 V/AC220 V/AC380 V。

2. **警示灯功率**　3 W 或 5 W（与供电方式相关）。

3. **喇叭分贝**　90 dB。

4. **安装方式**　螺栓安装。

5. **光源类型**　LED 灯珠。

6. **工作方式**　频闪、蜂鸣器发声。

（四）安装工具

声光报警器和节点的安装工具与前面几个传感器和节点安装工具相同，此处不再赘述。

（五）设备安装

（1）使用三个 M3 螺丝和螺母将声光报警器固定在实验台最顶层格板上，如图 1 - 1 - 36 所示。置于最顶层显眼位置，发出报警时，更容易被人观察，效果更佳。

（2）使用 M2 螺丝和螺母将传感节点固定在实验台背板上，若是临时安装，可用两对螺丝固定上侧两孔，若是长期安装使用，建议将节点 4 孔全部紧固，如图 1 - 1 - 37 所示。节点安装要求布局合理、左右齐高不倾斜。

图 1 - 1 - 36　声光报警器固定

图 1 - 1 - 37　传感节点固定

（六）导线安装

（1）使用剥线钳将报警器两根红色导线剥皮，接在四口接线端子的外侧两孔中，如下图所示，导线无正负极之分，然后将接线端子插入节点的通信接口中。用扎带布好中间导线。

图 1 - 1 - 38　导线接端子示意

（2）将 12 VDC 电源线的圆孔一端插入传感器节点的电源孔中，然后将电源线从格板的格孔穿到另一面，并沿走线槽布放到电源接线端子附近。最后将电源线另一端接在 12V 电源上。

（七）注意事项

（1）将声光报警器安装在隔板最顶层显眼位置，以便报警时更容易被人观察。

（2）声光报警器由两根导线驱动，导线不分正负极。

（3）传感器节点不要使用超过 12 VDC 电源进行供电。

（4）布线保持横平竖直，设备布局保持上下对称，左右对齐。

（5）安装设备时必须断电。

步骤九：安装太阳能发电系统

（一）产品概述

太阳能发电系统一般由太阳能光伏方阵、太阳能充放电控制器、蓄电池组、离网型逆变器、直流负载和交流负载等构成。若想输出 220 V 或 110 V 交流电，还需要配置逆变器。在有光照的情况下，光伏方阵将太阳能转换为电能，通过太阳能充放电控制器给负载供电，同时给蓄电池组充电；无光照时，通过太阳能充放电控制器由蓄电池组给直流负载供电，同时蓄电池还要给逆变器供电，通过逆变器将直流电逆变成交流电，给交流负载供电。太阳能光伏方阵，也称太阳能蓄电池，如图 1 - 1 - 39 所示。

太阳能充放电控制器是发电系统的核心部件，如图 1 - 1 - 40 所示，负责充放电管理和参数设置，同时可以查看太阳能光伏方阵输入电压、蓄电池电压、负载功率等信息。

图 1 - 1 - 39　太阳能光伏方阵

图 1 - 1 - 40　太阳能控制器

（二）功能特点

（1）据估算，一年之中投射到地球的太阳能，其能量相当于 137 万亿吨标准煤所产生的热量，大约为全球一年内利用各种能源所产生能量的两万倍。太阳能资源遍及全球，可以分散地、区域性地开采。我国约有 2/3 的地区可以较好地利用太阳能资源。

（2）太阳能在转换过程中不会产生危及环境的污染。

（3）光伏发电是间歇性的，有阳光时才发电，且发电量与阳光的强弱成正比关系。

（4）光伏发电是静态运行，没有运动部件，寿命长，极少需要维护。

（5）光伏系统模块化，可以安装在靠近电力消耗的地方，在远离电网的地区，可以降低输电和配电成本，增加供电设施的可靠性。

（三）太阳能发电系统参数

1. **工作电压**　12 V。

2. **工作功率**　50 W。

3. **最大发电电流**　40 A。

4. **工作温度**　–20 ~ ±50 ℃。

5. **充电模式**　PWM。

（四）设备安装工具和器材

1. **工具**　螺丝刀（1 套）、斜口钳（1 个）、剥线钳（1 个）。

2. **器材**　智慧农业实验台（1 台）、太阳能发电系统箱（1 个）、M4 螺丝 + 螺母（若干）、M3 螺丝 + 螺母（若干）、M2 螺丝 + 螺母（若干）、线材（若干）、扎带（若干）。

（五）安装步骤

（1）按照下图将太阳能控制器、太阳能光伏板、直流负载、蓄电池用红黑电源导线连接起来。

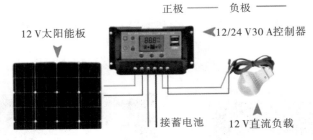

正极 ——　负极 ——

12 V太阳能板

12/24 V 30 A控制器

接蓄电池　　12 V直流负载

图 1 – 1 – 41　太阳能发电系统主要部件接线图

（2）将太阳能发电系统箱固定在实验架右侧，然后将光伏板置于箱体外侧，如下图所示。

图 1 – 1 – 42　光伏板安装位置示意

（六）注意事项

太阳能控制器上的接线口较多，需要认真查阅指导书，确保光伏板、蓄电池、直流负载等设备接在正确的端口上，并且正负极不能接反。太阳能光伏板用于接收光照，将光能转换为电能，所以要稍微向上倾斜，安装在太阳能控制箱外侧，不能有物体遮挡光照。箱体内各模块之间的导线要整理整齐，用扎带固定好，做到美观、整洁。

步骤十：平板配置

在安装完农业气象站系统所有传感器和节点后，进行网关配置操作。农业气象站系统网关用于收集、查看各传感器的环境数据，同时控制农业气象站系统的执行机构，如声光报警器。网关配备显示屏（平板），在平板上安装有"1＋X物联网"软件，通过软件查看系统中各传感器的实时数据，实现气象站系统的本地管理和监控。当网关以有线或无线方式接入互联网，就可以将传感器数据上至云端，用户可以远程查看和控制农业气象站系统。打开网关显示屏主界面的"设置"图标，如下图所示。

图1－1－43　平板设置图标

点击"无线和网络"下面的"WLAN"选项，进入WiFi设置界面，如下图所示。

图1－1－44　进入WiFi设置

点击右侧按钮，开启 WiFi，如下图所示。

图 1-1-45　开启 WiFi 操作

开启 WiFi 后，等待搜索 WiFi 网络。搜索到网络以后，从列表中选择想要接入的 WiFi 网络，输入密码，点击"连接"，如下图所示。注意：所连接的 WiFi 必须为直通互联网的 WiFi 网络，任何需要验证、登录、注册的 WiFi 网络（校园网、电信局域网、企业内部网等）都无法连接，并且只支持连接 2.4G 频段 WiFi。

图 1-1-46　连接 WiFi 操作

成功连接 WiFi 后，启动桌面上的"1＋X 物联网"管理软件，如下图所示。

图 1 −1 −47　启动管理软件

启动"1＋X 物联网"后，软件会提示 WiFi 和云端连接状态。如出现下图中的提示，代表终端服务开启成功。如果提示 TCP 服务器启动失败，检查 WiFi 连接状态，只有成功连接 WiFi 网络，才能成功开启终端服务。

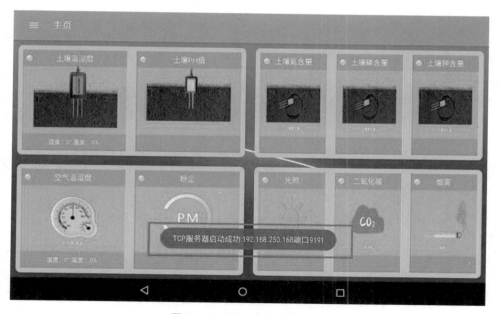

图 1 −1 −48　成功连接云端

如果开启终端服务失败，需要获取终端服务地址。在管理软件中点击左上角图标，如下图所示。

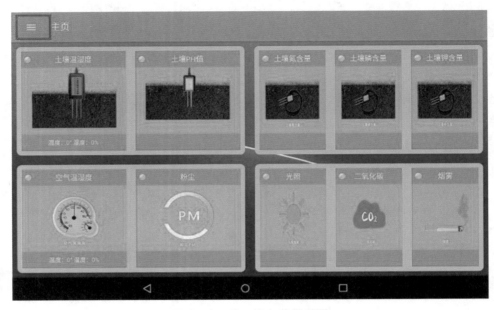

图 1-1-49　进入菜单界面

选择【设置】，如下图所示。

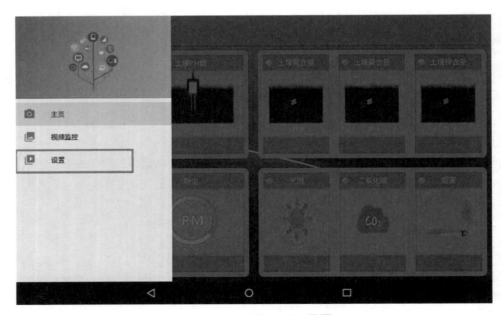

图 1-1-50　进入设置界面

查看软件的服务 IP 地址，即 WiFi 地址。如下图所示，此 IP 地址就是终端的服务 IP 地址。

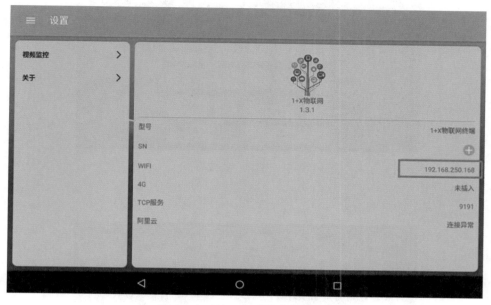

图 1 -1 -51　查看服务 IP 地址

网关连接终端服务地址。在网关主页面点击【通信设置】，进入通信设置页面。在通信设置页面中，点击【WiFi 设置】，进入 WiFi 设置页面。如下图所示。

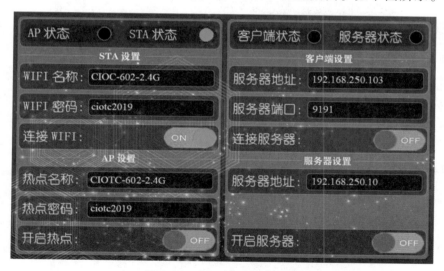

图 1 -1 -52　进入通信设置

在客户端设置功能区，将终端服务 IP 设置到此处，如图 1 -1 -53 所示。

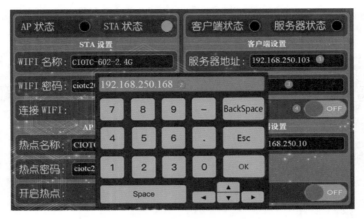

图 1 −1 −53　连接平板

然后点击【连接服务器】开关，等待连接，如下图所示。

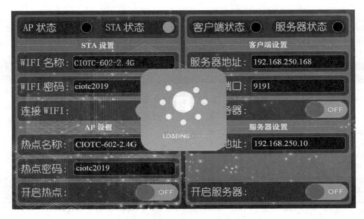

图 1 −1 −54　等待连接

连接成功后，【客户端状态】指示灯亮起，【连接服务器】开关处于【ON】，如下图所示。

图 1 −1 −55　连接成功

连接成功后，退出 WIFI 设置页面，回到主页面，进入接口页面，将【M－WiFi】和【S－LORA】开启，如下图所示。

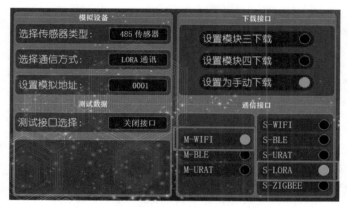

图 1－1－56　查看连接状态

 **知识补充**

智慧农业气象站数据采集系统需要符合以下设计标准：
· 世界气象组织《气象仪器和观测方法指南》
· 《中华人民共和国气象法》
· 中国气象局《Ⅱ型自动气象站 QX/T1－2000》行业标准
· 中国气象局《气象台(站)防雷技术规范 QX4－2015》行业标准
· 中国气象局《地面气象观测业务技术规定》(2016 版)
· 中华人民共和国水利部《土壤墒情监测规范 SL364－2015》行业标准
· 《GB/T－20524－2006 农田小气候观测仪》国家标准

本气象站系统是一个集成气象数据采集、传输、SD 卡存储和上位机软件管理于一体的无人值守自动化气象数据监测系统，可应用于农业生产、森林防护、工业应用等领域。本系统是针对设施农业区的环境特点而设计制造的，所以主要运用于设施农业区的气象数据监测。

此数据采集系统包含气象传感器、气象数据采集器和气象软件三大部分，可同时采集温度、湿度、风向、风速、雨量、蒸发量和大气压力等气象数据的实时数据、全部数据和时段(历史)数据。数据每过 5 分钟以文本格式存储于 SD 卡中。存储卡中有十六进制与十进制两种数据格式，方便计算与直观记录。下位机之间通过 RS485 连接，之后通过以太网上传到上位机软件，进行实时数据显示以及全部和时段数据的下载。

气象站系统在硬件和软件方面采用了电磁兼容、抗干扰和防雷击等多种可靠性设计，能够在设施农业区稳定运行，而且系统加入 UPS，保证了在市电中断的情况下继续提供 220 V 系统电源。该系统具有高精度、低成本、低功耗和友好的人机界面等特点，综合考虑完全满足设施农业区自动气象站的观测要求。

任务练习

请根据本任务内容进行气象站系统设计的选型及安装。

1. 请根据给出的传感器用 Visio 画出任务分析图。
2. 请根据本任务内容进行传感器的选择。
3. 请将选择出来的传感器进行安装。

任务二　调试气象站硬件

一、任务描述

物联网网关（Smart SF），主要用作系统不同通信方式的转换和本地监控。传感器负责采集数据，并用 RS485 总线将数据发送给 LoRa 节点，LoRa 节点通过无线方式将数据打包发送给 Smart SF，再由 Smart SF 将数据上传给云服务器或者数据终端。Smart SF 可以用来显示和管理传感器数据，配置自己和节点的网络参数，也可以直接采集传感器数据。

数据采集节点（Smart NE），是整个系统中除传感器外最底层设备，主要是为传感器增加无线传输的通道。Smart NE 支持 LoRa 无线通信方式，同时提供扩展功能，可结合上位机配置传感器的参数。

二、任务分析

在安装好气象站传感器、节点设备后，抑或在安装前，需要对其进行配置。用 RS485 总线将传感器连接到 Smart NE 节点上，然后用数据线将 Smart NE 节点接在上位机上，通过软件对 Smart NE 节点进行参数配置。

三、任务实施

步骤一：调试 Smart NE 节点

（1）安装驱动程序和配置软件：在上位机（即计算机）上安装 Smart NE 节点的驱动程序 CH340 和配置软件 SH－Config，程序下载地址或安装地址可参阅节点说明书。

（2）连接 Smart NE：将预配置的传感器用 RS485 总线连接在 Smart NE 节点上，使用 USB MINI 数据线连接 Smart NE 调试接口和计算机 USB 接口，打开计算机设备管理器，在串口下拉菜单中查看串口地址，如下图所示。

图 1 – 2 – 1 连接 Smart NE

（3）启动配置软件：启动 SH – Config 配置软件，选择 Smart NE 连接的串口号，波特率设为 115 200，数据位选择"8"，校验位选择"无"，停止位选择"1"，勾选【字符显示】【字符发送】和【接收换行】，点击【打开串口】，如下图所示。

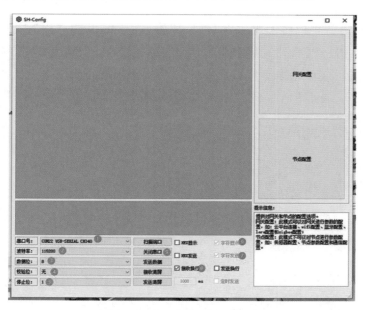

图 1 – 2 – 2 启动 SH – Config

（4）进入【节点配置】控件：点击软件右侧【节点配置】，进入节点配置界面，如图 1 – 2 – 3 所示。

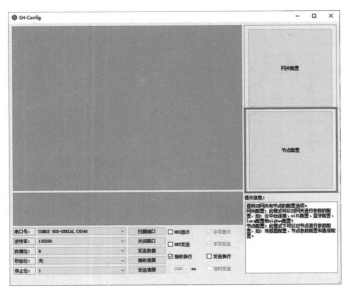

图 1-2-3　进入【节点配置】控件

步骤二：调试智慧农业气象站

（一）调试一体式气象站

（1）开启传感器调试开关：进入【节点配置】控件后，在【节点设置】中将通信类型选为【LORA 通信】，将设备类型选为【485 传感器】，节点地址设置为 1，上传时间设置为 10，然后点击【选择通信类型】【选择设备类型】【节点地址设置】和【上传时间设置】，以保存以上设置。在【传感器设置】中的【传感器调试开关】区域点击【开】，打开传感器调试开关，如下图所示。

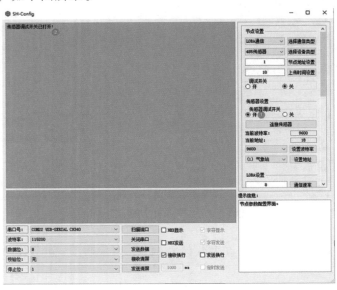

图 1-2-4　开启传感器调试

（2）查询当前传感器配置信息：当不知道传感器当前的配置信息（通信波特率、设备地址）时，可以通过 SH－Config 查询配置信息。点击【连接传感器】，Smart NE 会自动查询传感器的参数信息，并将查询结果返回到界面左侧区域，同时会显示在【传感器设置】区域，返回信息包含传感器当前通信波特率和通信设备地址，如下图所示。

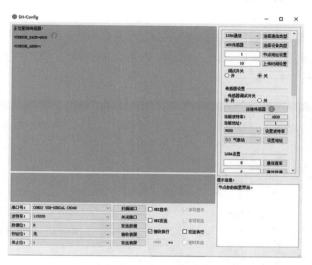

图 1－2－5　查询当前传感器配置信息

（3）配置波特率：新拆封的 RS485 传感器波特率为 4 800，不能直接被节点识别，需要修改波特率。Smart NE 用作 RS485 传感器的数据采集节点时，需要将 RS485 传感器的通信波特率设置为 9 600。

在 SH－Config 配置软件中【传感器设置】区域，点击波特率下拉菜单，选择 9 600，点击【设置波特率】，Smart NE 会将传感器通信波特率设置为 9 600，收到"传感器波特率设置成功"的反馈信息，如下图所示，表明传感器的波特率设置成功。

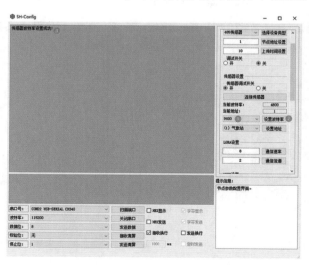

图 1－2－6　配置波特率操作

（4）配置设备地址：Smart NE 通过 RS485 传感器的设备地址，识别具体挂载的传感器类型。在 Smart NE 系统中，预先对每一种 RS485 传感器指定了固定的设备地址，用户需要将设备地址与传感器类型定义。

本例使用的一体式气象站，设备地址为 1，其他传感器设备地址可在 SH‑Config 中查看。

在 SH‑Config 的【传感器设置】中选择【（1）气象站】，点击【设置地址】，Smart NE 会将传感器设备地址设置为 1，即一体式气象站，同时会在软件左侧返回信息"传感器地址设置成功"，如下图所示。

图 1 – 2 – 7　配置设备地址

（5）检查设置：设置好传感器波特率和设备地址后，需要检查配置信息是否正确。点击【连接传感器】，Smart NE 会自动查询传感器的参数信息，并将查询结果同时返回到左上角及【传感器设置】区域，如下图所示。

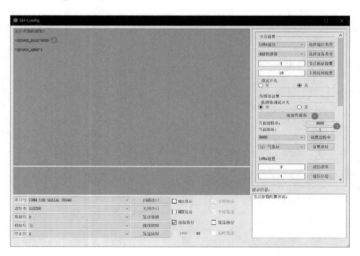

图 1 – 2 – 8　检查设置

如果查询结果显示波特率为 9 600，设备地址为 1，代表一体式气象站配置成功，如下图所示。

图 1 - 2 - 9　检查波特率

RS485 传感器的配置信息不需要点击保存，传感器会自动保存。

（二）调试风向传感器

调试风向传感器前需要将风向传感器挂载到节点上，然后节点连接计算机。后续操作过程与一体式气象站的调试过程相同。通信波特率选择 9 600，通信地址选择【（6）风向】，如下图所示。

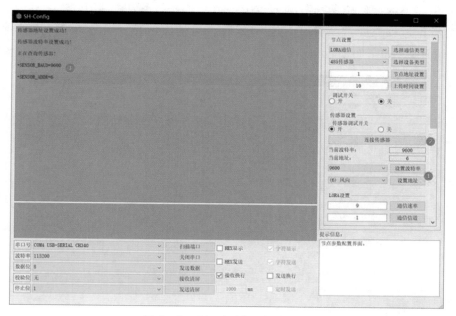

图 1 - 2 - 10　调试风向传感器

（三）调试风速传感器

将风速传感器挂载到节点上，节点连接计算机，打开 SH - Config 配置软件，后续操作过程与调试一体式气象站相同。通信波特率选择 9 600，通信地址选择【（7）风速】，如图 1 - 2 - 11 所示。

图 1 - 2 - 11　调试风速传感器

（四）调试微型翻斗式雨量计传感器

　　将翻斗式雨量计传感器挂载到节点上，节点连接计算机，打开 SH - Config 配置软件，后续操作过程与调试一体式气象站相同。通信波特率选择 9 600，通信地址选择【（14）雨量计】，如下图所示。

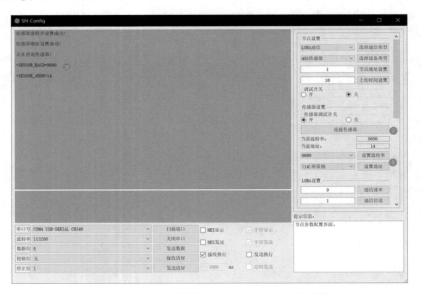

图 1 - 2 - 12　调试微型翻斗式雨量计传感器

（五）调试雨雪传感器

　　将雨雪传感器挂载到节点上，节点连接计算机，打开 SH - Config 配置软件，后续操作过程与调试一体式气象站相同。通信波特率选择 9 600，通信地址选择【（8）雨雪】。

（六）调试紫外线传感器节点

将紫外线传感器挂载到节点上，节点连接计算机，打开 SH – Config 配置软件，后续操作过程与调试一体式气象站相同。通信波特率选择 9 600，通信地址选择【（15）紫外线】。

（七）调试 CO_2 温湿度一体传感器

具体操作过程与调试一体式气象站相同，需要将 CO_2 温湿度一体传感器的通信波特率选择 9 600，通信地址选择【（17）二氧化碳】。

（八）调试声光报警灯

声光报警器作为农业气象站系统的执行设备，不同于其他传感器，配置方式略有不同。在 SH – Config 的节点配置控件【节点设置】中，通信类型选择为【LORA 通信】，Smart NE 即为 LORA 节点。

设备类型选择为【声光报警】，节点地址设置为 1，上传时间设置为 10，点击【选择通信类型】【选择设备类型】【节点地址设置】和【上传时间设置】，如下图所示。

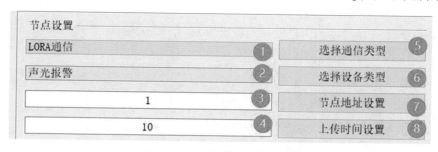

图 1 – 2 – 13　设置调试类型

将设置的通信类型、设备类型、节点地址和上传时间发送到 Smart NE，Smart NE 接收成功后会返回信息，如下图所示。

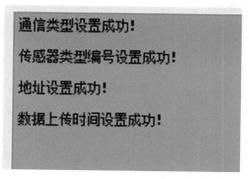

图 1 – 2 – 14　通信参数设置成功的返回信息

点击 SH－Config 的【保存数据】，Smart NE 会保存修改的参数信息，保存过程需要等待一段时间，其间请勿关闭 Smart NE 电源。保存成功后会返回"保存成功"，如下图所示。

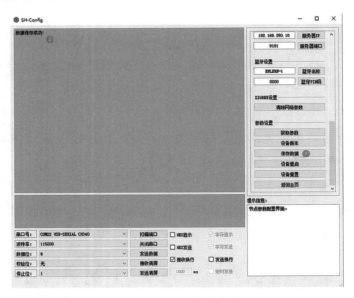

图 1－2－15　保存数据

点击【设备重启】，Smart NE 返回"系统重启成功"并立即重启。等待 Smart NE 的 PW 灯慢闪，代表重启成功，如下图所示。

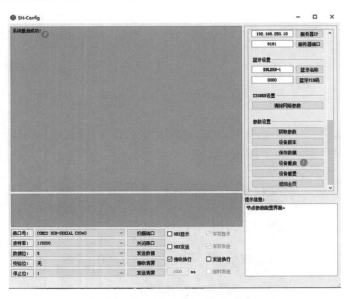

图 1－2－16　系统重启成功

步骤三：调试 Smart SF 网关

调试 Smart SF 网关与调试节点类似，先在计算机上安装驱动程序 CH340 和配置软件 SH – Config。然后将预配置的网关用 USB MINI 数据线连接到计算机 USB 接口上。

（一）打开网关配置控件

启动 SH – Config，选择 Smart SF 连接的串口号，波特率设为 115200，8 位数据，无校验，1 个停止位，勾选【字符显示】、【字符发送】和【接收换行】，点击【打开串口】，进入【网关配置】控件。如下图所示。

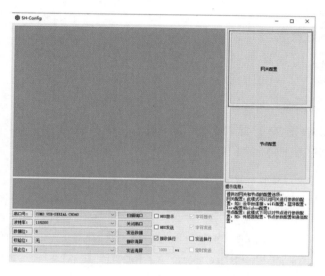

图 1 – 2 – 17　打开网关配置

（二）查看网关当前参数

点击【获取参数】，等待 Smart SF 数据返回。在返回的参数中，包含 Smart SF 固件版本信息、网关地址、云平台连接参数、LORA 配置参数，如下图所示。

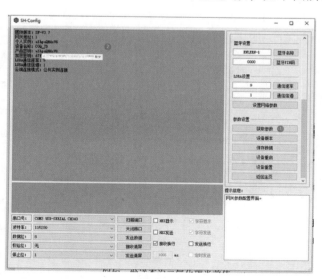

图 1 – 2 – 18　获取网关参数

（三）设置三元组信息

选择公共实例，点击【连接方式】保存，将阿里云平台设备三元组信息（即 DeviceName、ProductKey 和 DeviceSecret）分别复制到【设备名称】【设备密钥】和【加密密钥】前面的空格，并点击【设备名称】【设备密钥】和【加密密钥】，即可将设置的三元组信息发送到 Smart SF。配置成功后，Smart SF 会返回信息，并且在 Smart SF 的设置页面中会显示修改过的三元组信息。如图 1 - 2 - 19 所示。

图 1 - 2 - 19　设置设备三元组

（四）设置 WiFi 参数

在 SH - Config 的网关配置控件【WiFi 设置】中，输入 WiFi 名称和密码，点击【WiFi 名称】和【WiFi 密码】。如下图所示。

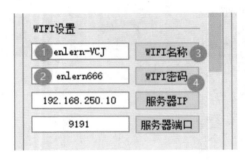

图 1 - 2 - 20　设置 WiFi 信息

（五）设置服务器 IP 和端口

在 SH - Config 的网关配置控件【WiFi 设置】中，输入服务器 IP 和端口，点击【服务器 IP】和【服务器端口】。如下图所示。

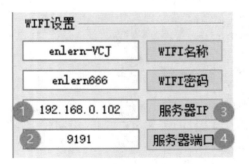

图 1 - 2 - 21　设置服务器 IP

（六）设置网络参数

在 SH - Config 的网关配置控件【LORA 设置】中，点击【设置网络参数】。将设置的

LORA 通信速率和信道配置到 Smart SF 的 LORA 模组，配置过程需要等待一段时间，其间请不要关闭 Smart SF 电源。配置成功后，Smart SF 会返回信息，并且在 Smart SF 的 LORA 设置页面中 LORA 网关地址会改变。如下图所示。

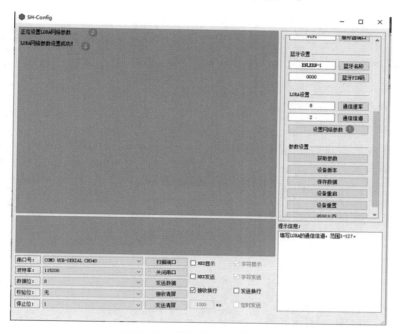

图 1 - 2 - 22　设置网络参设

在 SH - Config 中下发的信息 Smart SF 并不会保存，只会显示在对应的功能区内，需要手动保存。点击【保存参数】，Smart SF 会保存修改的参数信息，保存过程需要等待一段时间，其间请勿关闭 Smart SF 电源。保存成功后会返回"保存成功"。保存数据成功后，可在 Smart SF 上看到更新的以上信息。

知识补充

·认识 Visio 软件

Microsoft Office Visio 是一款专业化图形绘制辅助工具，主要负责绘制流程图和示意图，功能强大，对复杂信息、系统和流程能完成可视化处理、分析和交流。我们可以使用 Visio 轻松创建专业流程图、与他人协作并无缝共享流程图、并将流程图连接到实时数据以便更快地做出决策，还可以通过 Visio Online 在常用浏览器中创建和共享图表，以便理解、记录和分析信息、数据、系统及过程。

·Visio 软件的用途

Microsoft Office Visio 能够将难以理解的复杂文本和表格转换为一目了然的图表，帮助我们将自己的思想、设计与最终产品演变成形象化的图像进行传播，同时还可以帮助我们制作出富含信息和吸引力的图标、绘图及模型，让文档变得更加简洁，易于阅读与理解。Visio 提供了各种模板：业务流程的流程图、网络图、工作流图、数据库模型图和软件图，这些模板可用于可视简化业务流程、跟踪项目和资源、绘制组织结构图、映射网络、绘制建筑地图以及优化系统。Visio 在使用时，以可视方式传递重要信息就像打开模板、将形状拖放到绘图中以及对即将完成的工作应用主题一样轻松。

Microsoft Office Visio 已成为目前市场中最优秀的绘图软件之一，其因强大的功能与简单操作的特性而受到广大用户的青睐，已被广泛应用于以下众多领域中：

①软件设计（设计软件的结构模型）；

②项目管理（时间线、甘特图）；

③企业管理（组织结构图、流程图、企业模型）；

④建筑（楼层平面设计、房屋装修图）；

⑤电子（电子产品的结构模型）；

⑥机械（制作精确的机械图）；

⑦通信（有关通信方面的图表）；

⑧科研（制作科研活动审核、检查或业绩考核的流程图）。

·Visio 软件的特点

（1）易用性：无论是对初学者或专业人员而言，图表的制作必须易操作，否则他们会倾向于不使用图件或图表。

（2）适用性：使用者需要一个能满足所有图表需求并提供专业图形的软件，这种适用性让使用者无须购买一大堆产品。

（3）整合能力：一个程序越能跟其他的程式整合，使用起来的效率就越高。整合能力可以减少学习障碍，并能让使用者分享文件。

（4）可自订化：我们常因为特定需求，而必须寻找、购买，并学习支援的各种解决方案，若能自订程式以满足这种需求，公司便越能获得好处。

·Visio 软件的使用方法

以创建图表为例，具体步骤如下：

（1）打开模板：使用模板开始创建 Microsoft Office Visio 图表。模板是一种文件，用于打开包含创建图表所需的形状的一个或多个模具。模板还包含适用于该绘图类型的样式、设置和工具。

（2）添加形状：通过将"形状"窗口中模具上的形状拖到绘图页上，可以将形状添加到图表中。

（3）删除形状：很容易，只需单击形状，然后按 Delete 键。（注意：不能将形状拖回"形状"窗口中的模具上进行删除）。单击图表中的最后一个"进程"形状，然后按 Delete 键。

（4）查找形状：可以在其他模具上查找更多的形状。

（5）创建专业图表：在 Visio 中，用户单击【格式】工具栏中的【主题】按钮，在弹出的【主题】任务窗格中选择主题样式即可。

主题颜色：从一组经过专业设计的内置主题颜色中选择，或者用户创建独特的配色方案，以适应公司的徽标、商标及公司文本背景。

主题效果：通过对文字、填充、阴影、线条或连接线应用统一的格式，使图表的外观具有统一性，从而增加图表的吸引力。图 1-2-23 展示了物联网智慧农业 Visio 拓扑图。

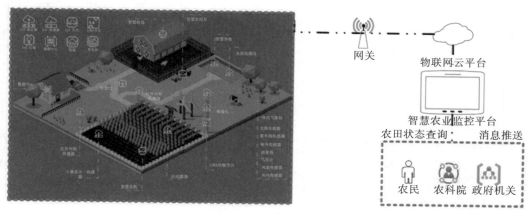

图 1-2-23　物联网智慧农业 Visio 拓扑图

任务练习

完成气象站系统的安装与调试上云：
1. 请根据任务一安装完成的传感器来进行调试。
2. 配置网关使得传感器数据可以在网关上显示。
3. 使用平板来进行数据上云的操作。

任务三　实现气象站云平台可视化

一、任务描述

阿里云是阿里巴巴集团旗下公司，是一家全球领先的云计算及人工智能科技服务公司，在全球范围内提供可扩展、安全和可靠的云计算、大数据等服务和产品，提供免费试用，支持按量付费，助力企业数字化转型。阿里云物联网平台是一个集成设备管理、数据安全通信和消息订阅等功能于一体的平台，支持连接海量设备，采集设备数据上云，向上提供云端 API，服务端可通过调用云端 API 将指令下发至设备端，实现远程控制。

物联网应用开发（IoT Studio），是阿里云物联网平台的一部分，提供可视化开发、业务逻辑开发与物联网数据分析等一系列便捷的物联网开发工具，解决物联网开发过程技术复杂、成本高等问题。该应用非常适合初学者开发物联网 Web 和移动终端界面。

在阿里云 Web 应用可视化平台上创建一个智慧农业可视化监控大屏，通过物联网平台建立的模型与智慧农业气象站的实物设备绑定，获取气象站的在线数据上传至云端，与气象站设备建立场景联动。可通过 Web 界面查看气象站各传感器实时数据，控制设备的开启与关闭。

二、任务分析

在物联网平台上创建气象站产品和设备，并为其添加气象站的物模型，实现气象站传感器和执行控制器的联动。在物联网应用开发平台上创建 Web 大屏，实现气象站的数据可视化监控。

三、任务实施

步骤一：物联网平台创建产品和设备

（一）购买免费实例

先登录【物联网平台控制台】，在【实例概览】页面下方，单击【购买实例】。注意：这里我们用到的公共实例是免费的，企业实例根据个人需求购买，如图 1-3-1 所示。

公共实例与企业版实例的主要区别：公共实例支持的同时在线设备数为固定规格为 50 个，与此同时，仅支持 500 个可在线设备数，消息通信 TPS5 条/秒；而企业版实例的同时在线设备数、可在线设备数、消息通信 TPS 均可以自由选择规格。

图 1-3-1　创建公共实例

（二）创建产品

进入刚刚创建好的【公共实例】中，在左侧导航栏，选择【设备管理】下的【产品】，单击【创建产品】，添加名为"智慧农业"的产品，具体操作如图 1 - 3 - 2 所示。在使用物联网平台在实例下第一步就是在控制台创建产品。产品是设备的集合，通常是一组具有相同功能定义的设备集合。例如：产品指同一个型号的产品，设备就是该型号的某个设备。

图 1 - 3 - 2　创建产品

创建产品时，根据实际的需求直接创建产品。根据【新建产品】页签，按照页面提示填写信息，然后单击【确认】。具体操作如图 1 - 3 - 3 和图 1 - 3 - 4 所示。

图 1 - 3 - 3　新建产品

1. **所属品类**

(1)标准品类：平台已经定义好的模型，可以直接使用。

(2)自定义品类：根据实际需求，自定义物模型。

2. **节点类型**

(1)直连设备：具有 IP，可直连平台，不能挂载子设备，但可作为挂载子设备。

(2)网关子设备：通过网关设备接入平台。

(3)网关设备：可以挂载子设备和直连设备，属于设备管理模块。

3. **接入网关协议**　自定义、Modbus、OPC UA、Zigbee、BLE。可根据实际选择。

4. **联网方式**　WiFi、蜂窝(2G/3G/4G/5G)、以太网、LoRaWAN。

5. **数据格式**　选择"ICA 标准数据格式"。它是平台提供设备与云端的数据交换协议，采用 JSON 格式。

6. **产品描述**　用于描述产品信息。

在此，产品名称命名为"智慧农业"，其他产品参数按下图选择(将品类选择为自定义设备、节点类型选择为直连设备，其他参数为默认格式)。

图 1-3-4　产品参数信息

（三）创建设备

产品创建完成之后，可以添加设备。设备创建成功之后，会自动弹出添加完成对话框。我们点击【前往添加】。具体操作如下图所示。

图 1 -3 -5 完成产品创建

点击【前往添加】之后跳转至设备管理页面，点击【添加设备】。创建的设备所属为"智慧农业"产品下的设备，设备名称暂不支持用中文名称命名，在此命名为"CGQ_ JD"。根据图 1 - 3 - 6 所示的弹框填写设备信息，点击【确认】完成创建。该设备的备注名称可编辑为"用于智慧农业气象站的传感器节点设备"，也可以根据实际任务需求添加备注名称。

在确认设备创建之后，会进入设备管理页，在设备管理页，就能看见设备的基础信息。如图 1 - 3 - 7 所示。

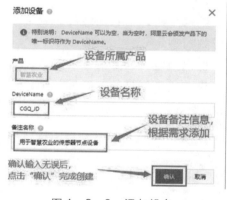

图 1 -3 -6 添加设备

图 1 -3 -7 设备管理

（四）添加物模型

在完成产品和设备的创建之后，回到产品管理的页面，点击【查看】，查看产品的详细信息，如图1-3-8所示。

图1-3-8 产品管理

进入产品详情页面之后，我们选择【功能定义】栏，对已经创建完成的产品和设备经行物模型定义。

物模型定义的方法主要有以下两种：导入法和自定义法。

导入法操作过程：在【功能定义】页中选择【编辑草稿】，再在【编辑草稿】页面点击【快速导入】为设备添加物模型。具体操作如图1-3-9所示。

图1-3-9 编辑草稿

选择【导入物模型】，选择提前准备好的"云平台数据从模型.json"文件并上传，点击【确定】。具体操作如图1-3-10所示。

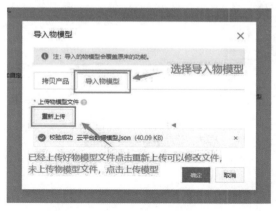

图1-3-10 导入物模型

需要注意，一定要点击【发布上线】，否则物模型没有导入成功。具体操作如图1-3-11所示。

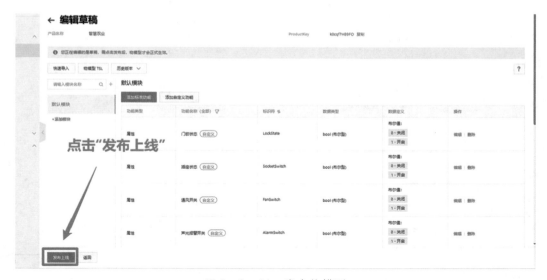

图1-3-11 发布物模型

自定义法操作过程：在【功能定义】页选择【编辑草稿】，如图1-3-12所示。

进入【编辑草稿】页后，选择【添加自定义功能】，跳出自定义功能窗口。注意：在添加自定义功能时，功能类型有属性、事件和服务三类。例如：为产品定义一个"温度"的属性，在功能名称中输入"温度"会出现温度类属性选项，选择"温度"后，其余项会自动填写，也可自己定义，最后点击【确定】。如图1-3-13所示。

和导入法一样，一定要点击【发布上线】，否则物模型就没有导入成功。

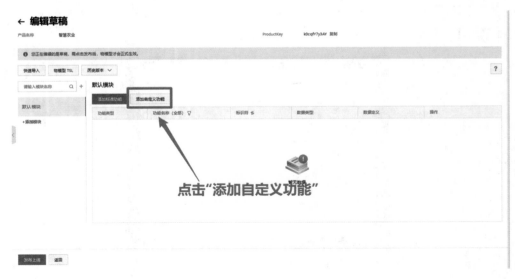

图 1 – 3 – 12　添加自定义物模型

* 功能名称 ⊙

温度

* 标识符 ⊙

temperature

* 数据类型

float (单精度浮点型)　　　　　　　　⌄

取值范围

| 0 | ~ | 100 |

步长

0.1

单位

摄氏度 / ℃　　　　　　　　⌄

* 读写类型

◉ 读写　　○ 只读

描述

温度

2/100

图 1 – 3 – 13　功能定义

步骤二：物联网平台场景联动

为已添加好物模型的设备添加场景联动，具体操作：在左侧导航栏中找到【规则引擎】单击【场景联动】，实际操作过程如图 1 - 3 - 14 所示。

图 1 - 3 - 14　场景联动

创建的每个场景联动规则由触发器（Trigger）、执行条件（Condition）和执行动作（Action）三个部分组成。这种规则模型称为 TCA 模型。

点击场景联动下的【创建规则】后，为其命名添加备注信息，规则名称命名为"二氧化碳报警器"。规则备注信息添加为：当监测到气象站中二氧化碳浓度过高时，报警器开启并发出警报；当为氧化碳浓度值正常时，报警器则处于关闭状态，也可根据实际任务需求添加描述信息；在备注参数填写确认无误后点击【确认】，根据提示等待三秒进入规则编辑。具体操作如图 1 - 3 - 15 所示。

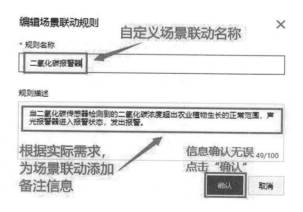

图 1 - 3 - 15　编辑场景联动规则

进入场景联动规则编辑界面即可编辑具体规则，如图 1 - 3 - 16 所示。

图 1 - 3 - 16　场景联动规则

编辑内容如下：

（1）触发器：即规则入口。可设置为设备触发或定时触发。当设备上报的数据或当前时间满足设定的触发器时，触发执行条件判断。可以为一个规则创建多个触发器，触发器之间是或（or）关系。

（2）设备触发：选择已创建的产品，根据条件需求选择单个或者全部设备和设备属性或事件

（3）定时触发：填写时间点。时间点格式为 cron 表达式。cron 表达式的构成：分、小时、日、月、一周内的某天（0 或 7 表示周日，1～6 分别表示周一至周六），每项之间用空格隔开。例如，每天 18 点整的 cron 表达式为 0 18 ＊ ＊ ＊（其中星号"＊"是通配符）；每周五 18 点整的表达式为 0 18 ＊ ＊ 5。

（4）执行条件：执行条件集。只有满足执行条件的数据，才能触发执行动作。可设置为设备状态或时间范围。可以为一个规则创建多个执行条件，执行条件之间是和（and）关系。

（5）设备状态：选择创建的产品、该产品下的某个设备和设备功能中的某个属性或事件。

（6）时间范围：设置起始时间和结束时间。

（7）执行动作：执行的动作。根据需要可以设置多个动作。某一动作执行失败时，

不影响其他动作执行。

（8）设备输出：选择已创建的产品、该产品下的某个设备、和设备功能中的某个属性或服务（只有可写的属性或服务才能被设为执行动作）。当触发器和执行条件均被满足时，执行已定义的设备属性或服务的相关动作。

（9）规则输出：嵌套另外一个规则，即调用其他规则。被调用规则中的触发器将被跳过，直接进行执行条件检查。若执行条件满足，则执行该规则中定义的执行动作。

（10）函数输出：选择一个已创建的函数。当触发器和执行条件均被满足时，运行已选定的函数。

（11）告警输出：将该场景联动规则关联到告警中心。当触发器和执行条件均被满足时，触发告警。单击告警中心，前往告警中心设置告警规则。

（12）延时执行：展开高级选项后的参数。设置延时执行时间，默认为空，即立即执行，设置了该值后才执行延时操作。单位为秒，最小 1 s，最大 86 400 s（24 小时）。

设备触发器与执行条件中的产品和设备均为同一产品下的设备，即智慧农业产品下的 CGQ_JD 设备，剩余的比较参数根据实际任务需求拟定，图 1 - 3 - 17 展示在气象站中所测得的二氧化碳浓度高于 1 000 ppm 时，报警器处于开启状态并且发出警报的场景联动设置操作。

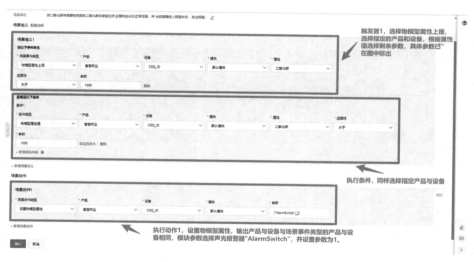

图 1 - 3 - 17　场景联动设置

根据任务需求设置完成参数配置后，点击"保存"，然后回到【场景联动】，就可以看见"二氧化碳报警器创建"完成，如图 1 - 3 - 18 所示。在创建规则页，可以对其进行相应的云端操作，在未启动时，包括查看、启动、日志以及删除；启动之后，该场景联动才会被触发，包括查看、停止、触发、日志以及删除；此时，气象站中的二氧化碳传感器在检测到二氧化碳浓度超过植物正常生长值时，当条件满足"二氧化碳报警器"报警条件时，该场景联动才会被触发成功，场景联动中的执行动作触发，即气象站中的警报器开启并发出报警。

图 1 - 3 - 18　完成场景联动创建

步骤三：Web 可视化大屏编辑

在 IoT Studio 界面选择【项目管理】页面，根据页面提示内容将项目创建完成。首次创建时，在【自建项目】区域，单击【新建项目】，如图 1 - 3 - 19 所示。非首次创建时，在【普通项目】区域单击【新建项目】，如图 1 - 3 - 20 所示。

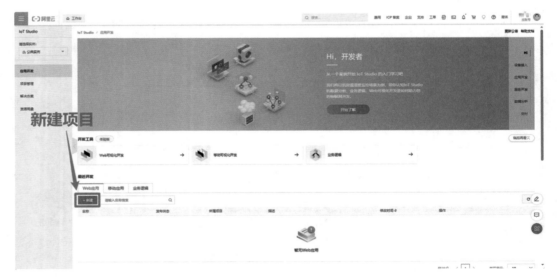

图 1 - 3 - 19　首次新建项目页

在项目完成创建之后会自动跳转页面【新建空白项目】。填写信息，确认无误后，点击【确定】，如图 1 - 3 - 21 所示。需要说明阿里云平台界面定期更新优化，在 IoT Studio 中的上述操作过程可能因界面优化改动而有所不同，操作中遇到问题，可查阅平台相关说明或帮助文档。

图 1 - 3 - 20　非首次新建项目页

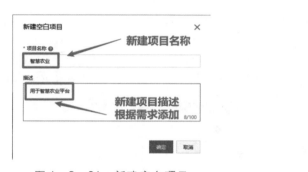

图 1 - 3 - 21　新建空白项目

项目创建好之后，进入项目管理页，新建 Web 应用，如图 1 - 3 - 22 所示。

图 1 - 3 - 22　Web 应用主页

需要注意，新建 Web 应用的应用名称就是之后 Web 应用的页面名称，即可视化开发界面的名称。根据气象站任务的需求，将 Web 应用的名称命名为"智慧农业气象监控平台"，添加简单的描述为：用于智慧农业的气象监控大屏，如图 1 - 3 - 23 所示，也可以根据实际项目需求添加描述信息。

进入新建的页面后，为页面添加导航布局：在【页面】的【导航布局】下，选择有导航菜单的【顶部栏和左导航】模板，如图 1 - 3 - 24 所示。

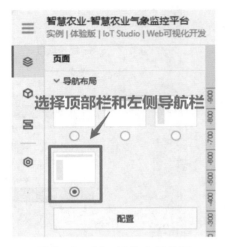

图 1 – 3 –23　新建 Web 应用

图 1 – 3 –24　导航布局设置

当选择了有左导航的布局时，可在弹出的对话框中选择是否自动生成菜单。选择【自动生成】后，页面左侧自动生成导航并匹配已有页面，如图 1 – 3 – 25 所示。

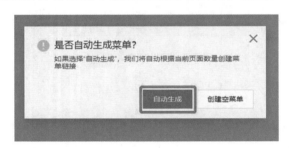

图 1 – 3 –25　自动生成菜单

进入已新建好的 Web 应用编辑器，添加智慧农业可视化监控大屏的空白页面，如图 1 – 3 –26 所示。

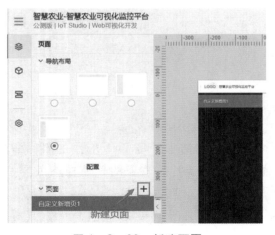

图 1 – 3 – 26　新建页面

选择空白模板，鼠标移入页面后，选择【创建页面】。创建空白页面之前支持"预览"页面，在此也可以根据需求添加不同的大屏页面。操作过程如图 1 - 3 - 27 所示。

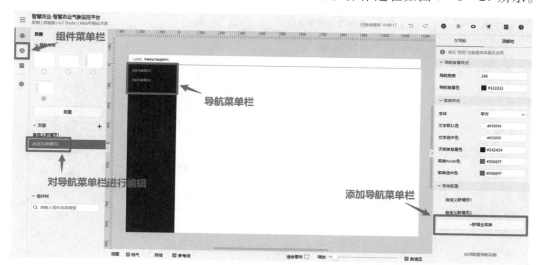

图 1 - 3 - 27　Web 应用编辑

创建页面完成后，通过组件布局对页面经行布局设计。包括对导航菜单栏经行编辑、用组件设计空白页面等。对创建完成的空白页面名称命名为"智慧农业气象监控平台"，为其配置的导航菜单同命名为"智慧农业气象监控平台"，具体操作如图 1 - 3 - 28 所示。

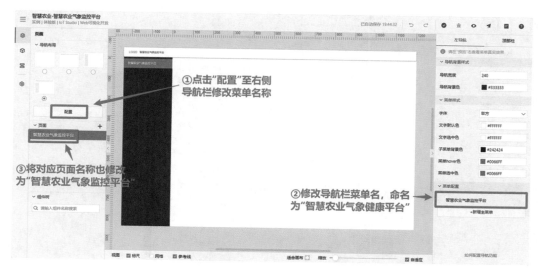

图 1 - 3 - 28　菜单编辑

将导航菜单栏与页面进行关联。在右导航栏的菜单配置区，鼠标移入已存在的菜单名称中，点击设置图标，出现【菜单配置】页面。在【菜单配置】页，编辑菜单名称，命名为"智慧农业气象监控平台"，如图 1 - 3 - 29 所示。

图 1 – 3 – 29　右导航栏菜单配置区

　　菜单链接打开方式为默认值，即打开的为当前页面；与之所建立的目标链接同菜单栏名称相同的页面进行关联，即将"智慧农业气象监控平台"菜单配置给"智慧农业气象监控平台"页面；参数配置完成无误后，完成菜单关联配置，如图 1 – 3 – 30 所示。

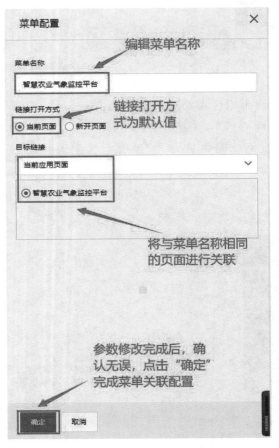

图 1 – 3 – 30　菜单配置页

　　为气象监控平台的空白页面添加在线天气预报，实现气象站的在线天气显示。点击【组件】，在基础组件中，拖拽【iframe】至空白页面的中间，调整到合适大小。选中点击基础组件【iframe】至右导航栏点击【配置】，具体操作如图 1 – 3 – 31 所示。

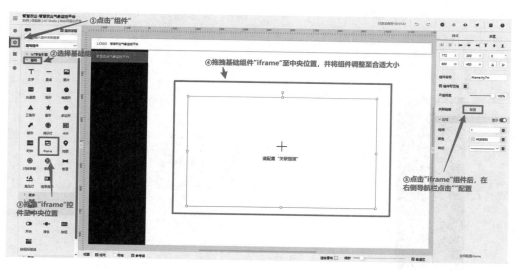

图 1 −3 −31 添加组件操作

为 iframe 配置天气预报的链接。点击【iframe】组件至右导航栏，点击【配置】，在配置链接页，可以看到链接地址的要求；打开浏览器搜索天气预报，将链接地址为"https"的粘贴至配置链接页的【链接内容】处，图片中复制的链接来自"天气 12345"，参数配置完成之后，点击【确定】。具体操作如图 1 −3 −32 所示。

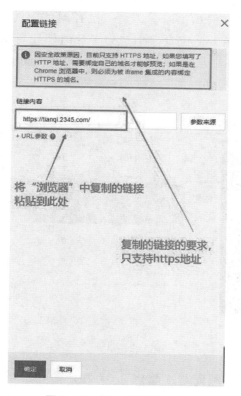

图 1 −3 −32 配置链接页

导入的浏览器中的页面就显示出来，页面内容会跟随网页数据的更新而自动更新，在线天气预报就会通过组件【iframe】显示出来，实现气象站的天气监控。效果如下图所示。

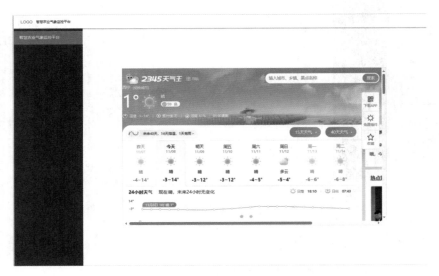

图 1-3-33　组件数据展示

通过基础组件中的【卡片】组件，将气象站中测得的风速、雨量、水位、紫外线强度、空气温湿度等在线数据展示出来。因此，选择组件中的基础组件的【卡片】组件，拖拽至页面空白处，调整至合适位置大小；为卡片组件配置的数据源来自气象站中设备测得在线数据，以及其他基本参数为在线数据的单位、名称等。具体操作如图1-3-34所示。

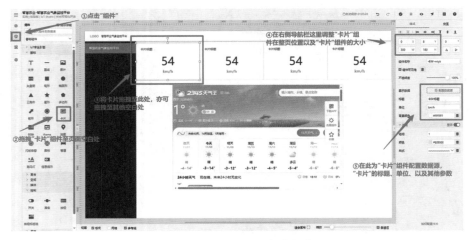

图 1-3-34　添加卡片操作

配置卡片数据。点击【配置数据源】后，关联产品和设备，关联的产品为"智慧农业"，设备为所关联产品下的"CGQ_JD"设备，具体操作如图1-3-35所示。

图 1 – 3 – 35　数据源配置

关联"智慧农业"下的产品，并同时关联其下的设备，用于获取气象站的在线数据；跳转如图页面，点击【关联产品】后，点击【关联物联网平台产品】，如图 1 – 3 – 36 所示。

图 1 – 3 – 36　关联产品

在跳转的页面中，选择关联所需要已创建好的产品，同时关联其下所有设备，最后点击【确定】，回到 Web 可视化编辑界面，在配置数据源中点击【刷新列表】，如图 1 – 3 – 37所示。

图 1 –3 –37　关联产品与设备

根据如图的提示选择产品设备以及设备数据，配置完成后，点击【确定】，就成功将物联网平台下的设备与物联网应用平台关联起来了；可通过将组件数据来源配置为设备，通过绑定的设备，在云平台显示设备获取到气象站的数据。具体操作如图 1 –3 –38 所示。

图 1 – 3 –38　数据源参数

注意：如果返回后页面有报错信息，是物联网平台的设备未收集到数据，即设备未获取到气象站的在线数据或者设备处于离线模式无法上传在线数据，如图1-3-39所示。

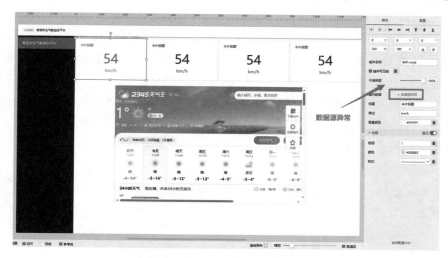

图1-3-39　卡片数据展示

完成页面设计、数据配置、上传并获取到气象站的数据后，Web页面就会展示智慧农业气象监控平台的页面，并实时更新数据，如图1-3-40所示。

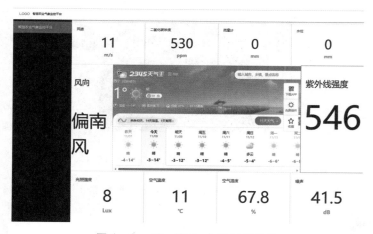

图1-3-40　Web大屏展示效果

知识补充

·阿里云平台

阿里云物联网平台提供安全可靠的设备连接通信能力，支持设备数据采集上云，规则引擎流转数据和云端数据下发设备端。此外，也提供方便快捷的设备管理能力，支持物模型定义，数据结构化存储，和远程调试、监控、运维。

物联网应用开发（IoT Studio）是针对物联网场景提供的生产力工具，覆盖了物联网行业核心应用场景；提供了 Web 可视化开发、移动可视化开发、业务逻辑开发与物联网数据分析等一系列开发工具，解决了物联网开发领域技术线复杂、协同成本高、方案移植困难等问题。

Web 可视化编辑页面提供了各种组件以方便页面设计，配置组件数据源、样式或交互动作完成应用的多样化设计和功能需求开发。组件列表中包含了以下组件：

（1）常用组件：集成常用的组件，方便用户快速调用开发。

（2）个人开发组件：开发者通过组件开发平台开发的个人组件，仅支持开发者可见并使用。

（3）基础组件：包含基础、控制、图表和表单四类组件。

（4）工业组件：包含仪表、滑动条、管道、设备和开关按钮五类组件。

（5）变配电组件：由第三方开发者开发个人组件后，以组件包的方式上传到 IoT Studio 平台后提供给所有开发者使用的组件。IoT Studio 目前支持的三方组件是变配电组件。

· 网关 Smart SF 概述

1＋X 智慧物联网关 Smart SF，主要作为系统不同通信方式的转换，节点在采集完传感器数据后，通过无线的方式将数据打包发送给 Smart SF，再由 Smart SF 将数据上传给云服务器或者数据终端。Smart SF 可以用来显示和管理传感器数据，配置自己和节点的网络参数，也可以直接采集传感器数据。图 1－3－41 为 Smart SF 网关的实物图。

图 1－3－41　Smart SF 网关

Smart SF 网关的左侧和右侧接口如图 1－3－42 和图 1－3－43 所示。

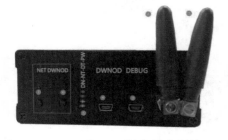

图 1－3－42　Smart SF 网关左侧接口　　　图 1－3－43　Smart SF 网关右侧接口

设备左侧接口：① WiFi 天线；②Zigbee 天线；③DC 电源接口；④蓄电池接口；⑤系统电源开关；⑥USB 接口；⑦传感器接口。

设备右侧接口：①LORA 天线；②蓝牙天线；③系统调试接口；④通信固件下载接口；⑤状态指示灯；⑥下载切换按键；⑦网络设置按键。

Smart SF 网关硬件参数如下：

1. 主控平台

（1）操作系统：Task OS。

（2）CPU：Cortex – M4。

（3）内存：16 M。

（4）Flash：1 M。

2. 输入输出

（1）USB：2.0×2。

（2）天线：LORA×1、WiFi×1。

（3）通讯模组：LORA×1、WiFi×1。

（4）RTC：自带。

3. 其他参数

（1）电源：DC9 – 36V（推荐 12V）。

（2）最小功耗：< 10 W。

（3）温度：– 10 ~ 60℃。

Smart SF 网关天线接口：

Smart SF 支持 WiFi、LoRa 两种无线通信，两种通信方式各自引出一根天线，布局上述图片所示。其中 WiFi 使用 2.4 G 频段，需要配套 2.4 G 射频天线。LoRa 使用 433 M 频段，需要配套 433 M 射频天线。在安装天线时，请检查天线内部接口。

Smart SF 网关电源接口：

Smart SF 有两种电源接口，支持多种供电方式。额定输入电压 12 VDC 2A，支持 9 ~ 36 VDC 宽电压输入。其中 DC 电源接口用于连接电源适配器 5.5 mm 标准接口；2P 接口由用户给定电源输入，支持市面上常见的铅酸蓄电池、磷酸铁锂蓄电池、镍氢蓄电池、镍镉蓄电池、锂电池、光伏电池、直流稳压可调电源、开关电源供电。图 1 – 3 – 44 为电源接口配置方案。

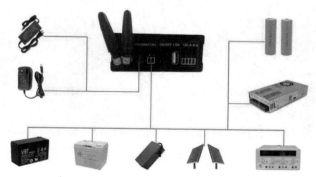

图 1 – 3 – 44　电源接口配置方案

Smart SF 网关 USB 接口：

Smart SF 有一组 USB 接口，作为 OTG 角色，可用于配置节点（注意：3.1 以上版本的硬件才支持）。

Smart SF 网关传感器接口：

Smart SF 的传感器接口是多功能合一的接口，用户可以通过调整系统配置，使传感器接口作为不同的功能接口，具体步骤参阅传感器接口功能设置。在 485 模式和控制模式中传感器接口可以向外输出 12V 电源（注意：输出电压由网关供电电源决定）。

Smart SF 网关状态指示灯：

Smart SF 外围有 4 颗状态指示灯，如图 1 - 3 - 42 所示。各指示灯指示不同信息，如下表所示。

表 1 - 3 - 1　状态指示灯功能

灯	说明	状态说明
PW	系统/电源指示	慢闪：系统/电源正常
DT	数据上传指示	每闪烁一次表示上传一次数据
NT	网络指示	快闪：正在配网 慢闪：配网成功
DN	自动配网指示	快闪：开启自动配网

Smart SF 网关主界面：

Smart SF 开机后，默认显示主界面。主界面显示 Smart SF 系统状态、通信状态和用户操作控件，如下图所示。

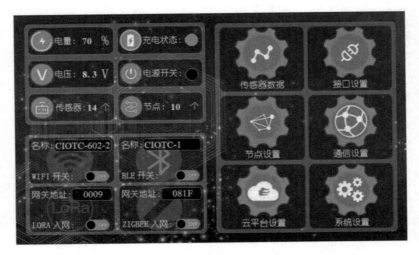

图 1 - 3 - 45　网关主界面

Smart SF 网关传感器数据界面：

用于显示 Smart SF 接收到的传感数据，如图 1-3-46 所示。在本界面，图标排序由传感数据上传的时间先后顺序决定。例如：风速最先上传，在本界面风速就排在第一位，紫外线紧随其后上传，在本界面紫外线就排在第二位。每一种传感数据都有对应的图标，在图标左下角显示具体的数据，图标右下角是数据的单位，如果没有单位就不显示。

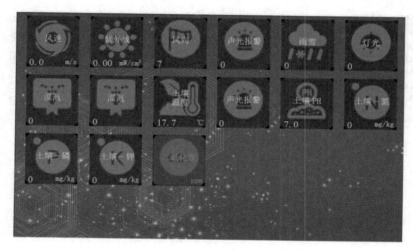

图 1-3-46　网关传感器数据界面

本界面如果一页显示满，会自动显示到下一页。左滑屏幕，进入下一页，可以继续查看其他的传感数据。如果出现灰色的图标，代表该类型的传感数据离线，也就是对应的节点离线或长时间没有数据上传，相应的图标会变成灰色。如果将正常上传数据的节点关闭或将 485 采集节点挂载的传感器拔掉，对应图标不会立即离线，间隔一段时间后，如果仍然没有数据上传，则对应的图标才显示离线。Smart SF 开机自动配对节点，并显示成功上传的传感数据图标。出厂默认不会连接任何节点，也就没有图标出现，此时打开传感器数据界面，不会显示任何图标。

Smart SF 网关通信接口设置界面：

在主界面点击【接口设置】，进入接口设置页面。接口设置页面分为"设备模拟""测试数据""下载接口"和"通信接口"功能区，如图 1-3-47 所示。

通信接口功能区，用于配置 Smart SF 的通信数据转发和获取对象。如果用户要获取节点上传的采集数据或者转发 Smart SF 内部通信数据，可在此区域设置。用户配置通信接口后，只会保存配置，需要退出本界面才能生效。再次进入本界面或重启后，默认为上一次的接口配置。

图 1 - 3 - 47　网关通信接口设置界面

Smart SF 网关节点设置界面：

在主界面点击【节点设置】，进入节点设置页面，如图 1 - 3 - 48 所示。在节点设置界面，默认处于未连接节点状态，只有当连接节点成功，并识别节点通信类型成功后，才会显示对应的节点类型。用户配置节点参数后，立即生效到对应的节点。

图 1 - 3 - 48　网关节点设置界面

Smart SF 网关通信设置界面：

在主界面点击【通信设置】，进入通信设置页面。通信设置页面分为 6 个功能区，如图 1 - 3 - 49 所示。

图1-3-49　网关通信设置界面

Smart SF网关阿里云三元组设置界面：

在主界面点击【云平台设置】，进入云平台设置页面，如图1-3-50所示。用于Smart SF连接阿里云平台时，导入云端设备的三元组信息。此界面支持键盘输入三元组信息，也支持通过指令集导入三元组信息。导入的三元组信息，会自动保存到系统，重启Smart SF后，默认使用上一次导入的三元组信息，上图中为出厂默认三元组信息。点击"云平台开关"，Smart SF根据导入的三元组信息，连接阿里云。注意：不管连接阿里云是否成功，上云操作完成后，云平台开关都会处于打开状态。

图1-3-50　阿里云三元组设置界面

任务练习

根据不同用户需求，分析所需采样的气象参数，设计农业气象站监控大屏。要求实现场景联动，即气象站设备监测到有雨雪时，报警器发出警报；通过 Web 应用中的组件实现气象站数据在线监控。

考核技能点及评分方法

气象站模块集成和应用考核技能点及评分方法

序号	工作任务	考核技能点	评分方法	分值	得分
1	安装气象站设备	能认识各类传感器，能够正确区分控制器和执行器的区别	能够熟练掌握各类传感器的使用方式以及使用场景	15 分	
2		能正确安装传感器、节点、网关到试实验台之上	能够熟练安装各类传感器、节点到实验台，能够熟练完成传感器、Smart NE 节点接线和布线	15 分	
3	调试气象站硬件	能正确调试 Smart NE 节点、Smart SF 网关	能够正确使用 SH－Config 软件调试 Smart NE 节点和 Smart SF 网关	15 分	
4		能正确调试智慧农业气象站系统	能够正确调试网关和各节点，将传感器数据通过各自节点上传到网关上	15 分	
5	实现气象站云平台可视化	能使用物联网平台创建产品和设备，并创建场景联动	能够正确使用阿里云平台创建产品和设备，能够使用阿里云平台来实现场景内各个传感器之间的联动效果	20 分	
6		能利用 IoT Studio 编辑 Web 及移动应用可视化大屏	能够熟练使用阿里云平台来实现 Web 可视化界面的编辑操作，能够熟练运用阿里云平台来完成移动应用可视化平台的 UI 设计。	20 分	
总分				100 分	

项目习题

一、填空题

1. 连接到物联网上的物体都应该具有四个基本特征，即地址标识、感知能力、（   ）、可以控制。

A. 可访问　　　　B. 可维护　　　　C. 通信能力　　　　D. 计算能力

2. 物联网的一个重要功能是促进（   ），这是互联网、传感器网络所不能及的。

A. 自动化　　　　B. 智能化　　　　C. 低碳化　　　　D. 无人化

3. 物联网的定义中，关键词为（   ）、约定协议、与互联网连接和智能化。

A. 信息感知设备　　　　　　　B. 信息传输设备

C. 信息转换设备　　　　　　　D. 信息输出设备

4. 物联网的核心和基础是(　　　)。

A. 无线通信网　　　　　　　　B. 传感器网络

C. 互联网　　　　　　　　　　D. 有线通信网

二、判断题

1. "物联网"是指通过装置在物体上的各种信息传感设备，如 RFID 装置、红外感应器、全球定位系统、激光扫描器等，赋予物体智能，并通过接口与互联网相连而形成一个物品与物品相连的巨大的分布式协同网络。 　　　　　　　　　　　　　　　　(　　　)

2. "因特网 + 物联网 = 智慧地球"。 　　　　　　　　　　　　　(　　　)

3. 国际电信联盟不是物联网的国际标准组织。 　　　　　　　　(　　　)

4. 感知延伸层技术是保证物联网络感知和获取物理世界信息的首要环节，并将现有网络接入能力向物进行延伸。 　　　　　　　　　　　　　　　　(　　　)

三、操作实践题

请使用风向风速传感器、翻斗式雨量计、雨雪传感器、紫外线传感器、太阳能发电、二氧化碳传感器、声光报警灯、照明灯，以及网关和节点组成智慧农业气象站系统，对这些设备配置数据，将传感器数据上传到节点上，完成智慧农业气象站系统联合调试。在此基础上完成以下操作：

1. 把所有数据上传云端，在 PC 端制作 Web 端数据分析大屏，Web 端要实现可以实时收到数据并控制执行器；

2. 在物联网应用平台创建产品与设备，产品命名为"农业气象站"，设备命名为"weather_ equipment"，并为产品设备添加物模型；

3. 在物联网平台创建场景联动，命名为"雨滴报警器"，利用气象站的雨滴传感器监测农业中的雨水状况，监测到雨水时，使得执行控制器的报警器触发；

4. 在物联网应用平台，新建 Web 可视化界面，界面名称为"智慧农业气象站可视化"，通过基础控件文件、卡片等组件实现气象站的天气监控。

智能温室系统集成和应用

温室大棚内温度、湿度、光照强度以及土壤湿度、pH值、氮磷钾含量等因素，对温室内作物生长起着关键性作用。农业进入信息化时代后，温室内作物科学合理种植的前是获取温室内部作物生长和环境变量数据，通过数据分析来合理进行灌溉、施肥等操作，所以获取数据至关重要。同时，传统的人工控制方式效率低下，不利于农作物大规模生产。因此，将物联网技术引入温室中来，能够实现温室种植的高效和精准化管理。

近年来随着物联网技术的出现，温室大棚环境监控系统得到了突飞猛进的发展。在农业领域，物联网技术涵盖了传感器、网络通信以及自动控制等技术，与传统的有线监控相比，物联网技术不需要布线，应用简便灵活。它可以实现对温室作物生长的实时监测，从而获取作物生长环境中各个环境因子的数值，将获得的信息经过系统的分析处理，实现对温室大棚环境的控制，使得温室大棚内的各种环境参数都在最适宜作物生长的环境参数范围内，保证温室大棚内的作物都可以在最适宜其生长的环境里生长，不仅增加了作物的产量而且提高了作物的品质。

物联网技术可应用到温室生产的各个阶段。在准备投入生产阶段，通过在温室里布置各类传感器，可以实时分析温室内部环境信息，从而更好地选择适宜种植的品种；在生产阶段，可以用物联网技术手段采集温室内温度、湿度等多类信息，来实现精细管理，例如，可以根据温室内温度、光照等信息来控制加温系统启动时间和遮阳网开闭的时间，可以根据土壤内pH值和氮磷钾传感器来控制水肥机合理施肥；在产品收获后，还可以利用物联网采集的信息，把不同阶段植物的表现和环境因子进行分析，反馈到下一轮的生产中，从而实现更精准的管理，获得更优质的产品。因此，将物联网技术应用到温室大棚监控系统中对现代农业智能化的发展具有非常重要的价值。

智能温室是靠传感器来采集农业温室的各环境要素数据，通过数据传输装置将数据信息反馈给与之相连的计算机设备。当然，显示终端不仅仅只有计算机，还有智能手机，借助多技术融合，加快传统温室的转变，推进农业科技的进步与创新，实现智能温室的精细化生产。

知识目标

❈ 掌握温室自动控制系统设备调试。
❈ 掌握温室自动控制系统云平台方法。
❈ 掌握温室节点代码调试基本知识。
❈ 了解温室自动控制系统方案设计原理。

技能目标

❈ 能实现温室自动控制系统设备的调试。
❈ 能实现温室自动控制系统云平台的搭建。
❈ 能实现温室节点代码的调试。

素养目标

❈ 具有良好的文字表达能力与沟通能力。
❈ 具有质量意识、环保意识、安全意识。
❈ 具有信息素养、创新思维、工匠精神。
❈ 具有较强的集体意识和团队合作精神。

任务一　安装调试智能温室

一、任务描述

温室自动控制系统方案设计是对温度控制系统的架构进行设计，包括系统功能分析、设备选型组网和设备安装等过程。温室自动控制系统的主要任务是完成温室中的室内温湿度、CO_2 浓度、土壤 pH 值、烟雾浓度、作物图像数据等环境参数的采集，并通过 ZigBee、LoRa 等无线传输模块进行信息传输，同时基于 4G 等通信方式实现数据到云端的传输和控制。

温室自动控制系统的设计需要符合温室内生长作物的生长控制需求，要依据和符合物联网设计的相关国际和行业标准。本任务将在满足需求并遵循标准的基础上展开设计，重点介绍温室物联网系统的系统设计、设备选型和设备安装过程。

二、任务分析

温室自动控制系统首先需要完成系统设计、设备选型和安装。根据温室控制要求，

需要选择 CO_2 温湿度一体传感器、光电感烟传感器、土壤 pH 传感器、摄像头等，分别用来监测大棚内的环境参数，具体功能如下：

（1）CO_2 温湿度一体传感器：通过 CO_2 温湿度一体传感器设备获取温室内的二氧化碳和温湿度数据，实现温室 CO_2 与温湿度数据的监控与管理。

（2）光电感烟传感器：通过光电感烟传感器可检测温室内的烟雾浓度。

（3）土壤 pH 传感器：通过土壤 pH 传感器设备获取温室内的土壤 pH 值，以便对土壤环境进行监测。

（4）摄像头：通过摄像头可以获取温室内的作物图像数据，可以实现对作物生长状况、病虫害信息等的动态监测。

三、任务实施

温室大棚物联网系统包括传感终端、LoRa 无线通信模块、LoRa 网关、无线路由器、智慧农业云平台和移动端，如图 2-1-1 所示。其中 CO_2 温湿度一体传感器、光电感烟传感器、土壤 pH 传感器通过 LoRa 无线通信模块和 LoRa 网关将数据上传到无线路由器，摄像头数据直接通过无线传输给无线路由器，无线路由器将接收到的信息上传到远程的智慧农业云平台，手机等移动端设备可以通过无线方式访问云平台数据，实现数据的现场监控。

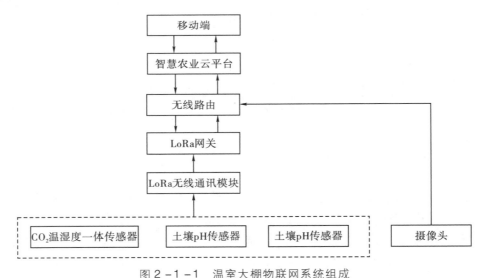

图 2-1-1 温室大棚物联网系统组成

步骤一：安装调试土壤 pH 传感器节点

(一)产品概述

土壤 pH 传感器实物图如图 2-1-2 所示。该传感器广泛适用于土壤酸碱度检测等需要 pH 值监测的场合。传感器内输入电源、感应探头、信号输出三部分完全隔离。该传感器安全可靠，外观美观，安装方便。

图2-1-2 土壤 pH 传感器

（二）功能特点

本产品探头采用 pH 电极，信号稳定，精度高；具有测量范围宽、线形度好、防水性能好、使用方便、便于安装、传输距离远等特点。

（三）工具与器材

1. **工具**　螺丝刀（1 套）、斜口钳（1 个）、剥线钳（1 个）。

2. **器材**　智慧农业实验台（1 台）、土壤 pH 传感器（1 个）、M4 螺丝 + 螺母（若干）、M3 螺丝 + 螺母（若干）、M2 螺丝 + 螺母（若干）、线材（若干）、扎带（若干）。

（四）土壤 pH 传感器参数

1. **工作电压**　12 VDC。

2. **大功耗**　0.5 W。

3. **量程**　3~9 pH。

4. **精度**　±0.3 pH。

5. **工作温度**　-20~60 ℃。

6. **响应时间**　≤10 s。

7. **通信协议**　RS485（Modbus 协议）。

（五）壳体尺寸

土壤传感器尺寸如图 2-1-3 所示。

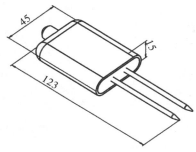

设备尺寸图（单位：mm）

图 2-1-3 土壤 pH 传感器尺寸图

（六）设备安装

使用两套 M2 螺丝和螺母将传感节点固定在实验台的格板上，建议用上端两孔悬挂，也可以对角安装，如图 2-1-4 所示。土壤 pH 传感器不需要使用螺丝固定，直接放在实验台的格板上。节点和传感器整体安装效果如图 2-1-5 所示。

图 2-1-4　节点安装效果

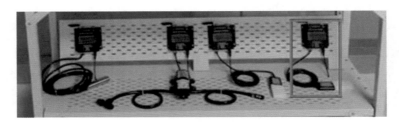

图 2-1-5　整体安装效果

（七）导线安装

传感器使用 RS485 总线通信，共 4 根导线，2 根为电源线、2 根为通信线。电源：棕色接 12 VDC、黑色接 GND。通信线：黄色接 DATA1，蓝色接 DATA2。Smart NE 节点的安装详见项目一任务一中设备安装。

（1）使用剥线钳将土壤 pH 传感器的 4 根线上的绝缘胶去掉，如图 2-1-6 所示。

（2）使用一字螺丝刀将剥好的线按照下图接在传感器节点的端子上，线序参照节点端口，如图 2-1-7 所示。

图 2-1-6　剥除绝缘胶

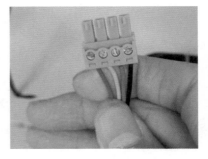

图 2-1-7　传感器节点端子连接

（3）将接好的端子插到传感器节点上，如图2－1－8所示。

（4）将12 VDC电源线的圆孔一端插入传感器节点的电源孔中，如图2－1－9所示。

图2－1－8 传感器节点接线方式

图2－1－9 传感器节点电源线连接示意图

（5）将电源线从格板的格孔穿到另一面，并沿走线槽布放到电源接线端子附近。最后将电源线接在12 V电源上。至此，土壤pH传感器和节点安装完成。

（八）调试土壤pH传感器

具体调试请按照项目一任务二中的调试一体式气象站操作。图2－1－10展示了调试界面。

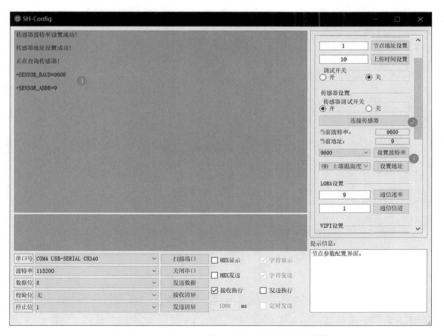

图2－1－10 土壤pH传感器调试界面

（九）注意事项

（1）测量时探针必须全部插入土壤里。

（2）野外使用要注意节点和传感器防雷击。

（3）勿暴力折弯探针，勿用力拉拽传感器引出线，勿摔打或猛烈撞击传感器。

（4）传感器防护等级 IP68，可以将传感器整个泡在水中。

（5）由于在空气中存在射频电磁辐射，不宜长时间在空气中处于通电状态。

（十）常见问题

（1）传感器节点的数据线 DATA1、DATA2 请勿接反。

（2）传感器节点电源线请勿接反。

（3）传感器节点不要使用超过 12 VDC 电源进行供电。

（4）设备数量过多或布线太长，应就近供电，加 485 增强器，同时增加 120 Ω 终端电阻。

（5）设备安装螺丝紧固尽量以对角进行紧固。

（6）布线保持横平竖直，设备布局保持上下对称，左右对齐。

（7）安装设备时必须断电。

步骤二：安装调试 CO_2 温湿度一体传感器节点

（一）产品概述

CO_2 温湿度一体传感器实物图如图 2-1-11 所示。该传感器广泛适用于农业大棚、花卉培养等需要 CO_2、光照度及温湿度监测的场合。传感器内输入电源，感应探头，信号输出三部分完全隔离。该传感器安全可靠，外观美观，安装方便。

图 2-1-11 CO_2 温湿度一体传感器

（二）功能特点

本产品采用高灵敏度的气体检测探头，信号稳定，精度高；具有测量范围宽、线形度好、使用方便、便于安装、传输距离远等特点。适用于室内、室外，外壳 IPV65 全防水，可应用于各种恶劣环境。

（三）工具与器材

与土壤 pH 传感器及节点安装工具和器材相同，此处不再赘述。

（四）CO_2 温湿度一体传感器参数

1. **供电电源**　10～30 VDC。

2. **平均电流**　＜85 mA。

3. CO_2 **测量范围**　400～5 000 ppm（可定制）。

4. CO_2 **精度**　±（40 ppm＋3%F·S）（25 ℃）。

5. **温度测量范围**　－40～80 ℃。

6. **温度精度**　±0.5 ℃。

7. **湿度测量范围**　0～100% RH。

8. **湿度精度**　±3% RH。

9. **工作温度**　－10～50 ℃。

10. **工作湿度**　0～80% RH。

11. **数据更新时间**　2 s

12. **响应时间**　90% 阶跃变化时一般小于 90 s。

13. **通信协议**　RS485（Modbus 协议）。

（五）壳体尺寸及外观图

CO_2 温湿度一体传感器壳体尺寸如图 2－1－12 所示。CO_2 温湿度一体传感器实验安装整体效果如图 2－1－13 所示。

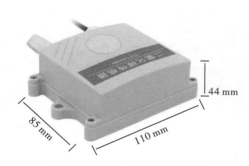

图 2－1－12　传感器尺寸图

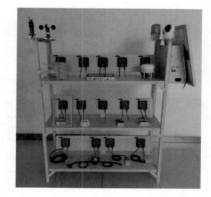

图 2－1－13　智能农业初级实验安装整体图

（六）设备安装

设备安装过程与土壤 pH 传感器及节点的安装过程类似，此处不再赘述。

（七）导线安装

导线安装过程与土壤 pH 传感器及节点的导线安装过程类似，此处不再赘述。图 2－1－14 展示了 CO_2 温湿度一体传感器与节点的连接方式。

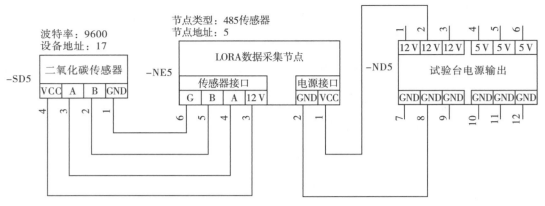

图 2 - 1 - 14 二氧化碳传感器与节点连接示意图

(八) 调试 CO_2 温湿度一体传感器

具体调试请按项目一任务二中的二氧化碳传感器进行调试，此处只展示调试界面，如图 2 - 1 - 15 所示。

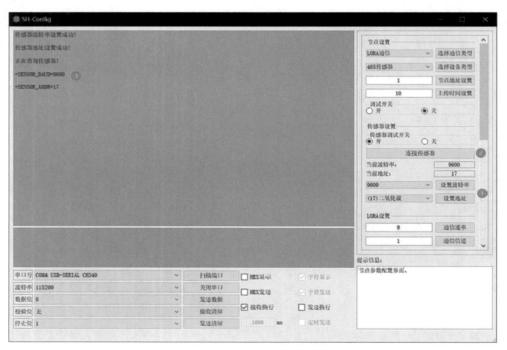

图 2 - 1 - 15 CO_2 温湿度一体传感器调试界面

(九) 常见问题

CO_2 温湿度一体传感器安装调试过程中的常见问题与土壤 pH 传感器类似，导线中的通信线和电源线不能接反，设备安装要做到整洁美观，布线要做到横平竖直整齐，安装操作前要断开电源。

步骤三：安装调试光电感烟传感器节点

（一）产品概述

PR－3000－YG－N01是一款光电式的火灾烟雾探测报警器，本型号产品通过性能优良的光电探测器来检测火灾产生的烟雾进而产生火灾报警。相较于其他火灾烟雾检测的方式，光电式检测具有稳定度高，鉴定灵敏等特点。报警器内置指示灯与蜂鸣器，预警后可以发出强烈声响。同时，报警器采用标准的RS485信号输出，支持标准的Modbus－RTU协议。光电感烟传感器实物如图2－1－16所示。

图2－1－16　光电感烟传感器外形

（二）功能特点

采用光电式探测，工作稳定，外形美观，安装简单，无须调试，可广泛应用于商场、宾馆、商店、仓库、机房、住宅等场所进行火灾安全检测。探测盒周围有金属防虫网提高寿命。火灾烟雾检测结果精准，误报率几乎为零。

（三）工具与器材

与土壤pH传感器及节点安装工具和器材相同，此处不再赘述。

（四）光电感烟传感器参数

1. **供电电源**　10～30 VDC。

2. **静态功耗**　0.12 W。

3. **报警功耗**　0.7 W。

4. **报警声响**　≥80 dB。

5. **烟雾灵敏度**　1.06±0.26% FT。

6. **工作环境**　－10～50℃，≤95%，无凝露。

7. **信号输出**　RS485。

8. **通信协议**　Modbus－RTU。

（五）壳体尺寸及外观

光电感烟传感器壳体尺寸如图2－1－17所示。

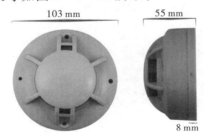

图2－1－17　光电感烟传感器尺寸图

（六）设备安装

（1）安装节点，具体过程与土壤 pH 传感器节点安装过程相同。

（2）在安装光电感烟传感器之前，顺时针旋转，将传感器的盖子取下，放在一边，如图 2－1－18 所示。

（3）使用两套 M3 螺钉将光电感烟传感器底座固定在实验台水平隔板上，螺母从另外一面进行安装，安装效果图如 2－1－19 所示。

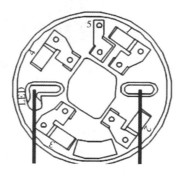

图 2－1－18　光电感烟传感器底座

图 2－1－19　螺钉螺母安装效果

（七）导线安装

导线安装过程与土壤 pH 安装过程一致，此处不再赘述。

（八）调试光电感烟传感器传感器

操作方法与项目一任务二中一体式气象站的调试方法相同。图 2－1－20 展示了调试界面。

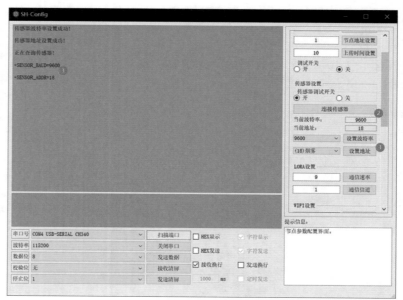

图 2－1－20　光电感烟传感器调试界面

（九）常见问题

光电烟感传感器安装调试过程中的常见问题与土壤 pH 传感器类似，导线中的通信线和电源线不能接反，设备安装要做到整洁美观，布线要做到横平竖直整齐，安装操作前要断开电源。

步骤四：安装调试摄像头

（一）产品概述

摄像头（camera 或 webcam）是一种视频输入设备，被广泛运用于视频会议、远程医疗及实时监控等方面。

摄像头一般具有视频摄影、传播和静态图像捕捉等基本功能，是借由镜头采集图像后，由摄像头内的感光组件电路及控制组件对图像进行处理并转换成计算机所能识别的数字信号，然后借由并行端口、USB 连接，输入到计算机后由软件再进行图像还原，从而形成画面。

（二）功能特点

该产品支持无线/有线网络和隐私保护，配备 1080 P 高清摄像头、16 GB 内存卡和360°旋转，同时配备具备自动跟踪系统，是守护家庭和财产的必备保障。该产品适用于家庭安防监控、农场监控等领域。

（三）工具与器材

1. **工具**　螺丝刀（1 套）、斜口钳（1 个）、剥线钳（1 个）。

2. **器材**　智慧农业实验台（1 台）、摄像头（1 个）、M4 螺丝＋螺母（若干）、M3 螺丝＋螺母（若干）、M2 螺丝＋螺母（若干）、线材（若干）、扎带（若干）。

（四）摄像头参数

1. **工作电压**　配有专用适配器。

2. **内存容量**　16 G。

3. **分辨率**　1080 P。

4. **焦距**　4 mm。

（五）设备外观

摄像头外观如图 2 – 1 – 21 所示。

图 2 – 1 – 21　摄像头外观

（六）设备安装

（1）使用两对 M2 螺钉和螺母将摄像头底座安装在格板上，螺母从另外一面进行紧固，将摄像头安装在底座上，如图 2 - 1 - 22 所示。

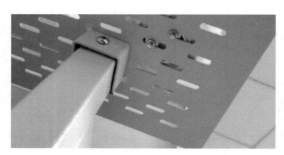

图 2 - 1 - 22　摄像头螺钉螺母安装

（2）将网线插在摄像头上的网口，将电源适配器接入摄像头的电源接口，如图 2 - 1 - 23 所示。

图 2 - 1 - 23　网线和电源线插孔

（七）客户端注册和安装

（1）扫描二维码，关注"萤石云视频"客户端，如图 2 - 1 - 24 所示。

图 2 - 1 - 24　扫描二维码界面

（2）登录"萤石云视频"客户端，注册完毕后，将摄像机添加到"萤石云视频"客户端，如图2-1-25所示。

图2-1-25 客户端添加设备

（八）注意事项

（1）摄像头指示灯：红色灯常亮表示启动中，慢闪表示网络中断，快闪表示配网模式；蓝色灯慢闪表示正常工作，快闪表示配网模式。

（2）向上转动球体，插入 Micro SD 卡，并登录"萤石云视频"初始化后再使用。

（3）长按5秒 REST 键，设备重启并恢复出厂设置。

步骤五：安装调试声光报警灯

（一）安装声光报警灯

请参照项目一任务一中的声光报警灯安装过程。

（二）调试声光报警灯

请参照项目一任务二中的声光报警灯调试方式。

步骤六：安装调试照明灯

（一）产品概述

LED 灯泡是"Light Emitting Diode"英文单词的缩写，是一种能够将电能转化为可见光的固态的半导体器件，它可以直接把电能转化为光能。

（二）工具与器材

与土壤 pH 传感器及节点安装工具和器材相同，此处不再赘述。

（三）设备安装

选择好安装位置。灯座如图 2 - 1 - 26 所示，确定好安装位置将灯座底部放置在安装面板上，用 M3 的螺丝和螺帽将其固定到面板，固定好灯座后将 LED 灯泡拧上即可。

图 2 - 1 - 26　灯泡与灯座

（四）安装导线

灯座电源：红色接 12 VDC，黑色接 GND，使用剥线钳将 2 根线上的绝缘胶去掉，如图 2 - 1 - 27 所示。

使用一字螺丝刀将剥好的线按照图 2 - 1 - 28 接在传感器节点的端子上。

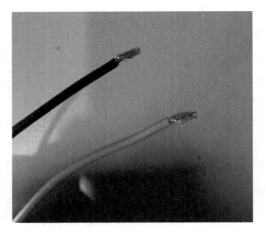

图 2 - 1 - 27　剥线

图 2 - 1 - 28　传感器节点的端子

将接好的端子插到传感器节点上。将 12 VDC 电源线的圆孔一端插入传感器节点的电源孔中，将电源线从格板的格孔穿到另一面，并沿走线槽布放到电源接线端子附近。最后将电源线接在 12 V 电源上。

（五）调试照明灯

调试详情过程参照项目一任务二中的声光报警灯调试过程，需要注意，【选择设备类型】前面的设备要选择【灯光控制】。图 2 - 1 - 29 展示了调试界面。

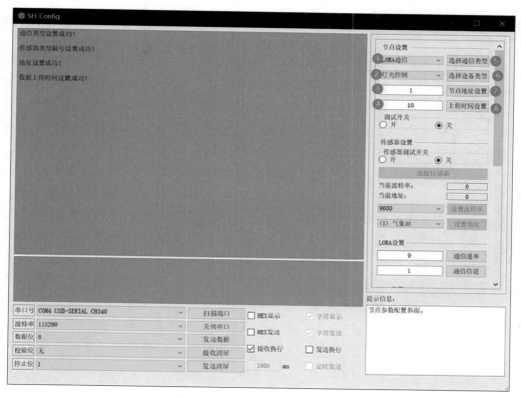

图 2－1－29　照明灯调试界面

步骤七：安装调试直流水泵

（一）安装直流水泵

安装过程与项目一任务一中的安装一体式气象站传感器过程相同，此处不再赘述。

（二）调试直流水泵

直流水泵调试过程与项目一任务二中的调试一体式气象站传感器的过程相同。需要注意，【选择设备类型】前面的设备要选择【灌溉控制】。图 2－1－30 展示了调试界面。

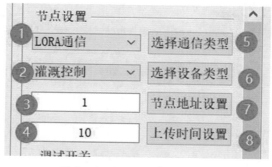

图 2－1－30　调试直流水泵

知识补充

温室自动控制系统属于设施农业物联网应用技术，温室大棚能透光、保温（或加温），且温室大棚多用于低温季节喜温的蔬菜、花卉、林木等的栽培或育苗等。温室依不同的屋架材料、采光材料、外形及加温条件等又可分为很多种类，如玻璃温室、塑料温室，单栋温室、连栋温室，单屋面温室、双屋面温室，加温温室、不加温温室等温室结构温室大棚应密封保温，但又应便于通风降温。现代化温室中具有控制温、湿度，光照等条件的设备，生产者用电脑自动控制创造农作物植物所需的最佳环境条件。

根据温室内作物生长的气候条件，创造一个人工气象环境，系统定时或轮询测量风向、风速、温度、湿度、光照、气压、雨量、太阳辐射量、太阳紫外线、土壤温湿度等农业环境要素；与此同时，系统一方面通过串口传输方式将数据融合到现场中控设备进行作物生长要求本地估算、显示与报警；另一方面通过无线模块将信息同步至中央机房，中心根据多因子决策模型计算结果和专家知识库建议远程智能控制开窗（顶窗侧窗）、卷膜、加温、排气扇、风机、湿帘、生物补光以及喷淋灌溉等环境控制设备，实现温室环境自动调控，达到适宜植物生长的范围，为植物生长提供最佳环境，系统结构示意图如图 2 - 1 - 31 所示。

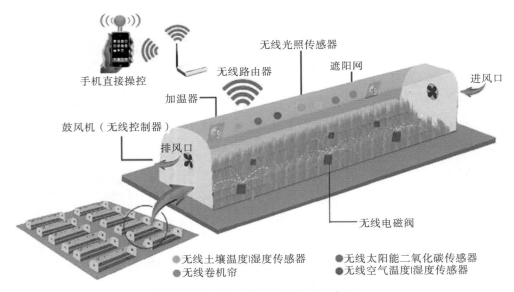

图 2 - 1 - 31　温室大棚系统示意图

任务练习

请根据本节课内容来进行温室自动控制系统的选型以及安装上云：

1. 请根据项目给出的传感器用 Visio 画出任务分析图。
2. 请根据本节课内容来进行传感器的选择。
3. 请将选择出来的传感器进行安装。
4. 请将安装完成的传感器进行调试。

任务二　实现智能温室移动可视化

一、任务描述

移动可视化开发是物联网应用开发平台（IoT Studio）提供的开发工具。无须写代码，只需在编辑器中拖拽组件到画布上，再配置组件的显示样式、数据源和动作等内容即可开发出移动可视化 APP。目前支持生成 HTML5 应用，并绑定域名发布。适用于开发设备控制 APP 和工作监测 APP。

在阿里云移动可视化平台上创建一个智能温室自动控制移动可视化 APP，利用 APP 实时监测智能温室环境数据，还可以控制温室设备。

建立简单的业务逻辑，通过业务逻辑监测温室的温度，当温室温度过高时，用钉钉机器人推送消息到钉钉群，向指定人员发出温度过高预警。

二、任务分析

在物联网应用开发平台上设计智能温室移动可视化 APP，设计监控界面，在移动设备（手机）端显示智能温室传感器包括温室温度的实时数据。建立业务逻辑，当温室温度过高时，推送消息到钉钉群，向指定人员发出温度过高预警消息。

三、任务实施

步骤一：编辑智能监控大屏

在物联网应用开发平台（IoT Studio）下建立 Web 可视化应用，即智能温室监控大屏，命名为"智慧农业监控系统"。在监控大屏中，应用基础组件中的"矩形"对大屏的背景颜色进行调整并进行区域划分；通过"文字"组件将温湿度、光照度、风速、风向等温室设备测得的在线数据作为数据源配置给组件；应用"iframe"组件配置温室外的在线天气；最后根据实际任务需求设计页面布局。详细步骤参考项目一任务三中的 Web 可视化大屏编辑方法。图 2－2－1 展示了智能温室监控大屏的 Web 可视化效果。

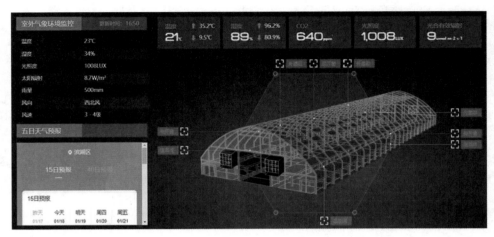

图 2-2-1　智能温室监控大屏 Web 可视化效果

步骤二：实现移动可视化

在 IoT Studio 界面选择【项目管理】页面，根据页面提示内容完成项目创建。注意，如果是首次创建，需要在【自建项目】区域，单击【新建项目】；如果是非首次创建，要在【普通项目】区域单击【新建项目】。图 2-2-2 和图 2-2-3 分别展示了首次创建和非首次创建的操作方法。

图 2-2-2　首次创建项目页面

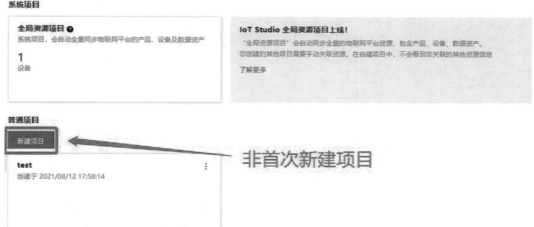

图 2 - 2 - 3　非首次新建项目页面

项目完成创建之后会自动跳转页面至【新建空白项目】。编辑完成之后点击【确定】。项目创建好之后，进入项目管理页，新建【移动应用】。具体操作如图 2 - 2 - 4 所示。

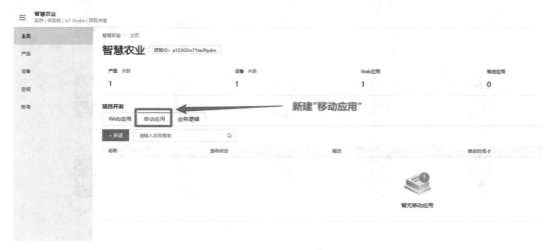

图 2 - 2 - 4　新建移动应用

新建移动应用的应用名称就是之后移动应用的页面名称，即将应用名称命名为"智慧农业移动可视化"。页面描述可以根据实际任务需求添加，在本任务中的描述添加为：用于智慧农业的移动可视化界面。具体操作如图 2 - 2 - 5 所示。

点击【确定】后，在【新建页面】下，选择模板导入，可以选择空白模板自己设计，详细操作步骤参考项目一任务三中的任务实施——Web 可视化大屏编辑操作。选择空白页面，点击【创建页面】。具体操作如图 2 - 2 - 6 所示。

图 2 - 2 - 5　移动应用名称和描述

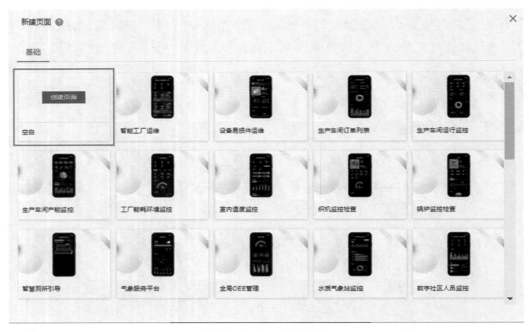

图 2 - 2 - 6　新建页面

　　选择合适的组件，拖拽至页面编辑处，显示温室的设备数据。如图 2 - 2 - 7 所示页面中，用图标组件中的"实时曲线"图显示温室中的颗粒物，即温室中的 PM10 和 PM2.5 在空气中的浓度含量；用图标组件中的"仪表盘"显示温室中土壤的 pH 值；用基础组件中的"指示灯"来控制温室控制系统中的灯光开关，用基础组件中的"卡片"显示温室中二氧化碳浓度以及用了媒体组件中的"移动设备"对温室进行视频的在线监控。

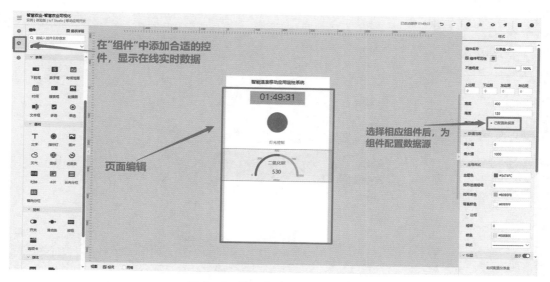

图 2 -2 -7   移动页面编辑界面

　　为指示灯配置数据源以及交互动作，即将温室系统中的灯光控制开关作为数据来源配置给指示灯，实现在移动端能够控制温室灯光的开与关。具体操作如图 2 -2 -8 所示。

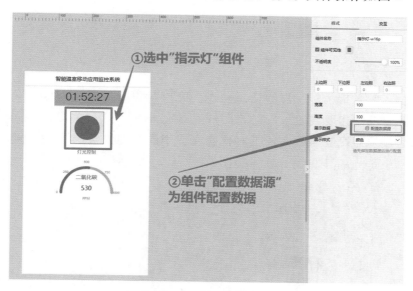

图 2 -2 -8   指示灯数据配置

　　将温室设备中的灯光控制作为数据源配置给"指示灯"组件；根据如图的提示为组件配置温室设备数据源，选择产品、设备以及设备属性，配置完成后，点击【确定】，就成功将物联网平台下的设备与物联网应用平台关联起来了，即成功将温室设备获取到的温室数据通过物联网平台上传到了云端，云平台通过云端获取到了设备的在线实时数据。具体操作如图 2 -2 -9 所示。

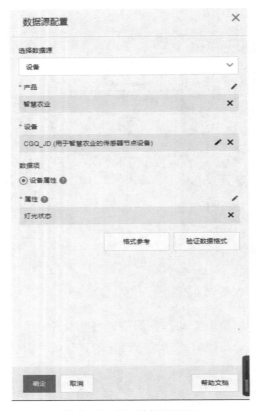

图 2 – 2 – 9　数据源配置

　　根据图示，配置指示灯组件的交互动作，完成与设备的联动动作。交互动作为单一交互，因此交互动作要设置成一对，即灯光状态要有一开一关两个不同属性值的交互动作，即通过一对交互事件完成了对智能温室中的灯光系统的控制，使用"指示灯"组件完成温室中灯光的开与关。具体操作如图 2 – 2 – 10 所示。

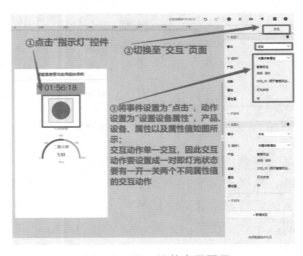

图 2 – 2 – 10　组件交互配置

图 2 - 2 - 11 展示了页面设计效果。

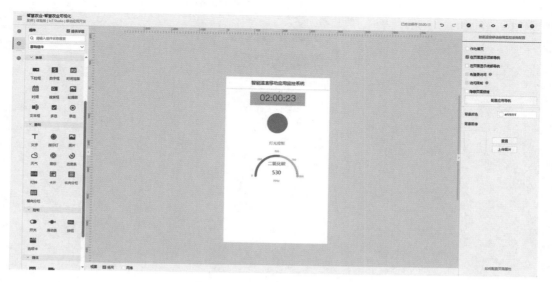

图 2 - 2 - 11　页面设计效果

　　点击顶部栏的预览，跳转至如图界面，选择合适自己的手机型号，进行数据查看。具体操作如图 2 - 2 - 12 所示。

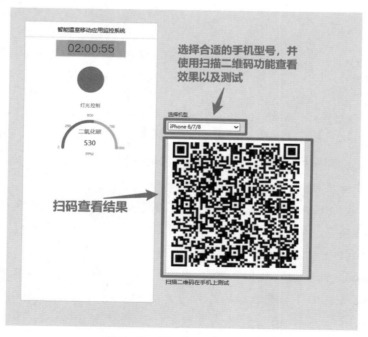

图 2 - 2 - 12　扫码查看页面

　　以荣耀 9X 型号手机为例，通过微信扫描二维码，获取到的移动端界面如图 2 - 2 - 13 页面。

图 2 - 2 - 13　移动端预览页面

知识补充

· 了解云平台的功能特点

（1）简单易用：移动可视化工作台与阿里云物联网平台设备接入能力、物模型能力无缝衔接。无须写代码，就可以快速搭建设备控制、设备状态展示、数据展示等物联网场景下的移动应用。

（2）完全托管：无须额外的服务器和数据库。移动应用搭建完毕后，直接由云端托管，支持直接预览、使用。

· 兼容手机型号

使用 IoT Studio 的移动可视化开发移动应用，以下手机的自带浏览器、钉钉、支付宝、微信可以使用该应用。市场上现有的华为、荣耀、vivo、小米、OPPO 等主流手机品牌均可使用。

注意：尽管应用可以在其他手机上运行，但为了最佳的稳定性和安全性，建议在官方支持的手机上运行。

· 物联网应用开发（IoT Studio）

移动可视化开发是物联网应用开发（IoT Studio）提供的开发工具。无须写代码，只需在编辑器中，拖拽组件到画布上，再配置组件显示样式、数据源和动作。目前支持生成 HTML5 应用，并绑定域名发布。适用于开发设备控制 APP、工业监测 APP 等。

物联网数据分析（又称 Link Analytics，简称 LA）是阿里云为物联网开发者提供的设备智能分析服务，全链路覆盖了设备数据采集、管理（存储）、清洗、分析等环节，有效降低了数据分析门槛，实现了设备数据与业务数据的融合分析透视。

物联网数据分析可与应用开发服务（IoT Studio）结合使用，配置数据可视化大屏，完成设备状态监控、园区环境监测、运营大屏等业务场景的开发工作，助力物联网开发者基于数据实现业务创新，创造更多业务价值。物联网数据分析与应用开发的架构如图 2-2-14 所示。

图 2-2-14 应用开发架构图

物联网应用开发（IoT Studio）提供了物联网业务逻辑的开发工具，支持通过编排服务节点的方式快速完成简单的物联网业务逻辑的设计。

业务逻辑功能特点如下：

（1）简单易用：对不熟悉服务端开发的用户，提供免代码开发物联网服务的方案，只需简单学习即可使用；对高阶用户提供 JS 脚本、扩展库等高阶能力。

（2）基于阿里云丰富的物联网云服务：可以使用阿里云物联网平台提供的基础服务、阿里云市场的 API，也可以接入自定义的 API。

（3）易读易理解，沉淀企业核心业务：可视化的流程图更利于业务人员理解，避免人员交接造成信息丢失，有利于沉淀企业核心业务能力。

（4）易快速定位、修复故障：节点之间的依赖项清晰可见，便于快速定位服务的问题，快速地进行热修复。

（5）云端完全托管服务：IoT Studio 提供云端托管能力，服务开发完成即可使用，无须额外购买服务器，并且支持在线调试。

应用场景：设备联动、设备数据处理、设备与服务联动、API 的生成、生成 APP

的后端服务。

节点类型说明如下：

（1）设备触发节点：是将设备上报的属性（读写型）、事件数据或状态变更作为服务的输入，触发服务后续的业务逻辑。设备触发节点支持通过虚拟设备上报属性或事件触发服务，帮助自定义设备信息响应的服务流。

（2）路径选择节点：可以根据设定的规则，对数据源进行判定，从而执行不同路径逻辑。每个路径选择节点最多可包含 10 个路径。当输入值满足路径 1 的条件时，执行路径 1；不满足时，继续判断路径 2 的条件；以此类推。

（3）条件判断节点：根据设定的条件对输入值进行判断，再根据判断结果执行不同的路径。条件判断结果产生两个路径，即满足条件的路径和不满足条件的路径。

（4）钉钉机器人节点：可应用在设备消息推送、监控报警、信息公示等多种场景中，支持将设备告警信息、设备属性信息、业务逻辑处理结果等，以定时触发或设备触发等方式推送到钉钉群中。目前仅支持信息推送，不支持返回消息处理。

任务练习

根据不同用户需求，分析所需采样的温室参数，设计农业温室监控大屏。

1. 添加控制组件，完成移动应用可视化界面的制作和设计。
2. 通过图标组件实现温室数据在线监测。
3. 通过业务逻辑平台，完成钉钉消息推送。

任务三　调试智能温室节点代码

一、任务描述

想要深入了解一套系统就需要从代码层面去学习。本任务从温室自动控制系统节点出发，通过了解怎样初始化各项数据开始，到获取部分传感器数据结束，展示了节点端从初始化开始至获取数值这两部分的代码。

本任务采用 Keil5 开发软件，提供了清晰直观的操作界面，使用起来十分的轻松便捷。从智慧农业设备节点出发，在项目中修改初始化以及理解传感器代码。

二、任务分析

通过分析物联网节点代码，掌握初始化节点数据代码，编写初始 LoRa 节点、蓝牙节点、ZigBee 节点、WiFi 节点数据代码，以及获取各类传感器的数据代码。

三、任务实施

步骤一：初始化节点数据

初始化节点的代码如下图所示。

```
1.   void INIT_NodeData(void)
2.   {
3.   /* 节点地址，不同的节点地址最好不要一样 */
4.   InitNode.Address = 0x0001;
5.   /* 节点的通信类型，通过不同编号来表示不同的通信类型 */
6.   /* 16 - Wifi；17 - Ble；18 - ZigBee；19 - Lora */
7.   InitNode.NodeType = 19;
8.   InitNode.SensorType = 16;
9.   /* 节点数据上传时间参数，200 大概是 10S 上传一次数据 */
10.  InitNode.DataSenTime = 200;
11.  }
```

图 2 - 3 - 1　初始化节点的代码

本段代码主要为初始化节点数据，根据代码可知不同的节点我们所设的节点地址最好为不同地址，节点的通信类型通过不同的编号作为标示，如 16 - WiFi、17 - Ble、18 - ZigBee、19 - LoRa。节点的传感器类型也是按照不同的编号来做标示，如 16 - 485 类型传感器、17 - 紧急按钮、18 - 电子门锁、19 - 声光报警、20 - 灯光控制、21 - 通风控制、22 - 开关、23 - 路灯、24 - 火警开关、25 - 插座、26 - 红外栅栏、27 - 灌溉电机、28 - RFID。本段代码中节点数据上传时间设为 200，大概 10 秒上传一次数据。

步骤二：初始 LORA 数据

初始化 LORA 节点的代码如下图所示。

```
1.   Void INIT_LoraData(void)
2.   {
3.       /*LORA 通信速度，参数范围：1-9*/
4.       InitLora.Speed = 9;
5.       /*LORA 通信频率，参数范围：1-127*/
6.       InitLora.channel = 1;
7.   }
```

图 2 - 3 - 2　初始化 LORA 节点的代码

本段代码主要为初始化节点数据，需注意节点和网关的通信速度和通道均保持一致才能通信。根据代码我们可以知道本段代码设置的 LoRa 通信速度为 9，该参数的范围为 1 ~ 9；本段代码的 LORA 通信频率为 1，该参数的范围为 1 ~ 127。

步骤三：初始化蓝牙数据

初始化蓝牙数据的代码如下图所示。

```
1.  void INIT_BleData(void)
2.  {
3.      /* 蓝牙的名称，字符个数不能大于 16 */
4.      sprintf((char*)InitBle.MasterBleName,"%s","CIOTC-1\0");
5.      /* 蓝牙的 Pin 码，字符个数不能大于 8 */
6.      sprintf((char*)InitBle.MasterBlePin,"%s","0000\0");
7.  }
```

图 2 - 3 - 3　初始化蓝牙数据的代码

本段代码主要为初始化蓝牙数据，根据代码我们可以知道本段代码设置的蓝牙的名称为"CIOTC - 1 \ 0"，需注意蓝牙的名称字符个数不能大于 16。本段代码的蓝牙的 Pin 码为"0000 \ 0"，需注意蓝牙的 Pin 码字符个数不能大于 8。

步骤四：初始化 ZigBee 数据

初始化 ZigBee 数据的代码如下图所示。

```
1.  void INIT_ZigBeeData(void)
2.  {
3.      /* ZigBee 节点地址 */
4.      InitZigBee.Address = 0x0000;
5.  }
```

图 2 - 3 - 4　初始化 ZigBee 数据的代码

本段代码主要为初始化 ZigBee 数据，根据代码我们可以知道本段代码设置的 ZigBee 节点地址为"0 × 0000"。

步骤五：初始化 WiFi 数据

初始化 WiFi 的代码如图 2 - 3 - 5 所示，本段代码主要为初始化 WiFi 数据。根据代码我们可以知道本段代码首先设置了需要连接的 WiFi 名称为"CIOTC602 - 2.4G"，需注意需要连接的 WiFi 名称，字符个数不能大于 32；其次本段代码设置了需要连接的 WiFi 密码为"ciotc2019"，需注意字符个数不能大于 16；然后本段代码设置了需要连接的服务器 IP 地址为"192.168.250.10"；最后本段代码设置了需要连接的服务器端口为"9191"，以上这些参数都可以根据实际情况进行修改。

```
1.    void INIT_WifiData(void)
2.    {
3.        /* 需要连接的 Wifi 名称，字符个数不能大于 32 */
4.        sprintf((char*)InitWifi.WifiName,"%s","CIOTC602-2.4G\0");
5.        /* 需要连接的 Wifi 密码，字符个数不能大于 16 */
6.        sprintf((char*)InitWifi.WifiPassword,"%s","ciotc2019\0");
7.        /* 需要连接的服务器 IP 地址 */
8.        sprintf((char*)InitWifi.ServerAddress,"%s","192.168.250.10\0");
9.        /* 需要连接的服务器端口 */
10.       sprintf((char*)InitWifi.ServerPort,"%s","9191\0");
11.   }
```

图 2 - 3 - 5　初始化 WiFi 数据代码

表 2 - 3 - 1 展示了传感器 Modbus - RTU 通信协议的 DATA 数组结构。这里我们主要来学习传感类型(SenTyp)的字段含义。

表 2 - 3 - 1　DATA 数组

起始	通信类型	数据长度	传感类型	节点编号	网关编号	帧序列号	跳数	有效数据	停止标志	检验数据
Head	Info	Len	SenTyp	NodeNum	GWNum	Count	Hop	Data	Stop	CRC
1 Byte	2 Byte	2 Byte	2 Byte	2 Byte	2 Byte	2 Byte	1 Byte	n Byte	1 Byte	1 Byte

SenTyp 紧随数据长度之后，占两个字节。表示本组数据中 Data(数据域)类型，即具体哪种传感器的数据。

SenTyp 高位代表传感器品类，低位代表对应品类下的那种传感器。接收方在处理数据时，Data(数据域)不需要解析，就是现成的传感数据，只需要处理 SenTyp。

EOT 协议中，通信类型 Info 高位根据具体的传感器品类而不同，见表 2 - 3 - 2。

表 2 - 3 - 2　SenTyp 高位 HEX 数据

传感类型	数据（HEX）
	MSB
EN 标准品类	00
1 + X 标准品类	01
工业级标准品类	03

本书主要学习的就是 1 + X 标准品类，全书的传感类型为 1 + X 标准品类即为 01。EOT 协议中，SenTyp 低位根据具体的传感器种类而不同，见表 2 - 3 - 3。

表 2 - 3 - 3 SenTyp 低位 HEX 数据

传感类型	数据（HEX）	传感类型	数据（HEX）
	LSB		LSB
光照	01	烟雾	12
温湿度	02	灯开关	13
粉尘	03	火灾报警按钮	14
大气压	04	红外对射	15
噪声	05	电表	16
风向	06	RFID	17
风速	07	人体红外	18
雨雪	08	一氧化碳	19
土壤温湿度	09	甲烷	1A
土壤 pH	0A	紧急按钮	1B
土壤氮含量	0B	灌溉	81
土壤磷含量	0C	灯光	82
土壤钾含量	0D	路灯	83
雨量	0E	声光报警	84
紫外线	0F	通风	85
水位	10	插座	86
二氧化碳	11	门锁	87

下图展示了读取传感器数据的程序代码。

```
1.      /* 光照 */
2.    case 0:
3.        DRIVE.Data[5] = 0x01;
4.        DRIVE.Data[6] = SensorTemporary->Addr;
5.        DRIVE.Data[14] = SensorTemporary->Data[12];
6.        DRIVE.Data[15] = SensorTemporary->Data[13];
7.        DRIVE.Data[16] = SensorTemporary->Data[14];
8.        DRIVE.Data[17] = SensorTemporary->Data[15];
9.        SensorAnalysisLen = 4;
10.       DriveSensorTimeRst = 0;
11.       Analysis485DataNum ++;
12.       DRIVE.SenStartStatus = 1;
13.       DRIVE.TimeCount = 0;
14.   break;
```

图 2 - 3 - 6 读取传感器数据的程序代码

以光照传感器为例来解释代码段：

DRIVE. Data 为交给上层处理数据的缓存，只需要将采集到的传感器数据放入 DRIVE. Data 缓存，并将 DRIVE. SenStartStatus 置位，上层即可获取传感器数据。

DRIVE. Data[5]是传感器通讯地址的高位，固定为1。

DRIVE. Data[6]是传感器通讯地址的低位，由传感器地址决定，对应 SensorTemporary – >Addr，本例中，光照传感器地址为 0×00。

DRIVE. Data 的第14～17位，为传感器的采集数据，对应着 SensorTemporary – >Data 的第12～15位，直接转存。

1 + X 标准传感器采用统一标准的通信协议 Modbus – RTU 进行传输数据，Modbus – RTU 通信协议规定的主机问询帧结构和从机应答帧结构分别见表 2 – 3 – 4、表 2 – 3 – 5，主要字段如下：

（1）初始结构≥4 字节的时间；

（2）地址码长度为 1 字节，表示传感器的地址，在通信网络中是唯一的；

（3）功能码长度为 1 字节，主机所发指令功能指示，传感器只用到功能码 0×03（读取寄存器数据）；

（4）数据区长度为 N 字节，数据区是具体通信数据；

（5）错误校验位长度为 2 字节，属于 CRC 校验码；

（6）结束结构≥4 字节的时间。

表 2 – 3 – 4 主机问询帧结构

地址码	功能码	寄存器起始地址	数据长度	检验码低位	检验码高位
1 字节	2 字节	2 字节	2 字节	1 字节	1 字节

表 2 – 3 – 5 从机应答帧结

地址码	功能码	有效字节数	第一数据区	第二数据区	第 N 数据区	检验码
1 字节	2 字节	1 字节	2 字节	2 字节	2 字节	2 字节

任务练习

1. 补全初始化节点数据代码：

```
void _____（void）
{
        InitNode. Address  = ———— ;
        InitNode. NodeType  = ———— ;
```

```
    InitNode. SensorType  =  ————— ;
    InitNode. DataSenTime  =  ————— ;
}
```

考核技能点及评分方法

智能温室模块集成和应用考核技能点及评分方法

序号	工作任务	考核技能点	评分方法	分值	得分
1	安装调试智能温室	能安装不同类型的传感器模块	安装不同类型的传感器模块与试验台上并安装与之对应的 Smart NE 节点	15 分	
		能调试不同类型的传感器模块	调试已经安装完成的传感器与 Smart NE 节点	15 分	
2	实现智能温室移动可视化	能创建智能监控大屏	能够初步认识并构建监控大屏	20 分	
		能创建移动应用可视化	能够初步认识并构建移动应用可视化	10 分	
		能联动钉钉消息提示	能够初步认识并使用钉钉来进行消息的提示	10 分	
3	调试智能温室节点代码	能编写初始化程序	能够参照标准编写节点端初始化代码	10 分	
		能获取到节点光照传感器的数据	能够参照标准编写代码节点端获取光照传感器数据	10 分	
		能获取节点温湿度传感器的数据	能够参照标准编写代码获取温湿度传感器数据	10 分	
总分				100 分	

项目习题

一、选择题

1. (　　)技术是一种新兴的近距离、复杂度低、低功耗、低传输率、低成本的无线通信技术，是目前组建无线传感器网络的首选技术之一。

A. Zigbee　　　　B. Bluetooth　　　　C. WLAN　　　　D. WMEN

2. 有线通信需要两类成本：设备成本和部署成本。部署成本是指(　　)及配置所需要的费用。

A. 网线购置　　B. 路由器购置　　C. 交换机购置　　D. 布线和固定

3. (　　)无须布线和购置设备的成本，而且可以快速地进行部署，也比较容易组网，能有效地降低大规模布、撤接线的成本，有利于迈向通用的通信平台。

A. 有线通信　　B. 无线通信　　C. 专线通信　　D. 对讲机

4. 物联网中物与物、物与人之间的通信是(　　)方式。

A. 只利用有线通　　　　　　　B. 只利用无线通信

C. 综合利用有线和无线两者通信　　D. 既非有线亦非无线的特殊通信

二、判断题

1. 传感器不是感知延伸层获取数据的一种设备。(　　)

2. 二维码是用某种特定的几何图形按一定规律在平面(二维方向上)分布的黑白相间的图形记录数据符号信息，通过图像输入设备或光电扫描设备自动识读以实现信息自动处理。(　　)

3. 无线传输用于补充和延伸接入网络，使得网络能够把各种物体接入到网络，主要包括各种短距离无线通信技术。(　　)

4. 传感器网：由各种传感器和传感器节点组成的网络。(　　)

三、操作实践题

完成智慧农业温室自动控制模块的联合调试，请使用土壤 pH 传感器、二氧化碳传感器、光电传感器等组成智慧农业温室自动控制模块项目。在正确安装完之后关联物联网平台下的设备，把所有数据上传云端，在 PC 端制作手机端界面，手机端要实现可以实时收到数据并控制执行器。要求在物联网应用平台，新建移动可视化界面，界面名称为"农业温室移动可视化"，通过基础控件文件、卡片等组件实现移动端的智慧农业温室控制。

智能灌溉系统集成和应用

我国地域辽阔，南北、东西的水资源分布不平衡，尽管水资源总量在世界上排名第六位，但是人均水资源的占有量不容乐观。在众多的水资源消费中，农业用水所占比重最大，据不完全统计，农业用水占水资源消费的62%左右，现在农业灌溉普遍采用传统的人工灌溉方式，最常见的就是大水漫灌的形式。此方式不仅浪费严重、利用率低，而且还容易造成土壤的盐碱化，从而降低农作物的产量与质量。

虽然传统的灌溉方法也能给作物补充水分，但是其不能根据作物的需求进行灌溉，只能依靠人为经验去控制；传统的灌溉方法不仅需要耗费巨大的人工操作和监管成本，而且对水资源和作物用肥的浪费十分严重；此外，传统的灌溉方法不考虑农田环境的蒸腾量。因此，灌溉时，只有等到作物缺水后再灌溉补水，补水不及时会造成农作物的代谢迟缓，从而导致作物的品质较差。

随着物联网技术的不断发展，智能化、无线化和网络化必将是未来农业的发展方向。水肥一体化智能灌溉系统是智能灌溉系统的升级，它可以帮助生产者方便地实现自动的水肥一体化管理。系统由上位机软件系统、区域控制柜、分路控制器、变送器、数据采集终端组成。可实现智能化监测、控制灌溉中的供水时间、施肥浓度以及供水量。变送器（土壤水分变送器、流量变送器等）将实时监测的灌溉状况，当灌区土壤湿度达到预先设定的下限值时，电磁阀可以自动开启，当监测的土壤含水量及液位达到预设的灌水定额后，可以自动关闭电磁阀系统。可根据时间段调度整个灌区电磁阀的轮流工作，并手动控制灌溉和采集墒情。整个系统可协调工作实施轮灌，充分提高灌溉用水效率，实现节水、节电，减小劳动强度，降低人力投入成本。用户可通过操作触摸屏管理控制设备，根据土壤湿度传感器、土壤 pH 传感器、土壤氮磷钾传感器的数据自动配置有机肥，灌溉过程自动控制灌溉量、吸肥量、肥液浓度、酸碱度，做到精准施肥。

本项目介绍的智能灌溉系统将 LoRa 无线通信技术与灌溉技术相结合，通过无线自组网进行控制田地的灌溉并实时监测土壤墒情，将土壤墒情信息通过无线的方式传送至云端。智慧农业灌溉系统，可在历史数据和各种传感器监测下对作物进行精准灌溉，为作物成长提供良好的生长环境。智慧灌溉可自动灌溉、施肥，所需人力甚少，人们可远程监测农田内的环境参数，实时了解农田内情况。智慧农业灌溉系统可提高灌溉用水的利用率，起到合理、有效、充分利用区域水资源的目的。

知识目标

◈ 了解智慧农业灌溉系统方案设计原理。

◈ 熟悉智慧农业灌溉系统中传感器的特点和基本参数。

◈ 掌握智慧农业灌溉系统设备安装与调试方法。

◈ 掌握在物联网云平台上创建智慧农业灌溉系统项目操作方法。

◈ 掌握利用钉钉机器人推送告警消息的操作方法。

技能目标

◈ 能够依据智慧农业灌溉系统的特点选取合适的传感器。

◈ 能够识读传感器电路原理图和技术手册。

◈ 能够根据系统需求完成设备的安装和调试。

◈ 能够在物联网云平台创建智慧农业灌溉系统项目。

◈ 能够利用钉钉机器人推送告警消息。

◈ 能够在网关实现数据汇总及代码实现。

素养目标

◈ 逐渐养成认真负责、严谨细致、静心专注、精益求精的职业态度。

◈ 严格遵守物联网、网络与信息安全相关的法律、法规与职业道德。

◈ 培养仔细观察、深入分析、精心配置的职业行为习惯。

◈ 具有强烈的服务意识与不怕累、不怕苦、不怕脏的职业精神。

◈ 注重专业兴趣，在工作任务中培养爱岗敬业、乐观奉献的职业信念。

◈ 关注行业新设备、新技术、新动态，勇于提出创新建议，逐步培养职业创新意识。

任务一　安装调试智能灌溉系统

一、任务描述

根据智能灌溉系统的需求完成系统方案的设计，包括传感器的选择、系统的组成。实现对土壤墒情的远程监测及灌溉设备的远程及智能控制。

二、任务分析

首先要根据需求设计明智能灌溉系统，画出 Visio 拓扑图，确定所需要的传感器及传感器参数，确保所选择的传感器参数(特别是精度、量程、响应时间)满足需求。然后将传感器和节点安装在实验台上。安装过程要符合程序规范，设备布局要合理、美观，布线要整齐、美观。

三、任务实施

设计的远程智慧农业灌溉系统采用了 LoRa 无线扩频通信、无线 WiFi 和有线通信网作为数据通信网络。远程智慧农业灌溉系统从功能结构上可以分为四部分：传感器采集系统、灌溉系统、云平台系统和移动监控端部分。传感器采集系统由土壤 pH 传感器、土壤氮磷钾传感器、液位传感器及 LoRa 无线通信模块组成，将采集到的土壤情况信息通过 LoRa 无线上传至 LoRa 网关，LoRa 网关将传感器数据上传至智慧农业云平台，将数据在 Web 端显示，同时移动监控端可访问智慧农业云平台，将传感器数据在移动端上显示，农民可远程监测土壤状况。灌溉系统主要是直流吸水泵，农民根据土壤状况，通过移动监控端及 Web 端将控制指令下发给智慧农业云平台，智慧农业云平台将控制指令转发至 LoRa 网关，LoRa 网关进一步将控制指令转发至 LoRa 无线通信模块，控制直流吸水泵的开关，实现了灌溉的远程控制。智慧农业灌溉系统整体结构框图如图 3－1－1 所示，采用 LoRa 无线通线避免了田间布线，且传输距离较远。

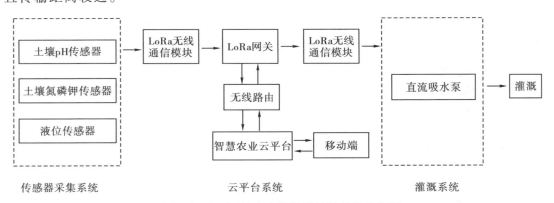

图 3－1－1　智慧农业灌溉系统整体结构框图

步骤一：安装调试土壤 pH 传感器

土壤 pH 传感器用于测量土壤中的酸碱度，为自动灌溉系统提供重要参考。产品的功能、主要参数、壳体尺寸，安装过程中使用的工具与器材，传感器和节点的安装步骤，布线操作步骤，用 SH－Config 软件配置节点参数的方法，设备安装注意事项等内容均已在项目二任务一中详细阐述，此处不再重复。

步骤二：安装调试投入式液位传感器

（一）工具与器材

1. **工具** 螺丝刀（1 套）、斜口钳（1 个）、剥线钳（1 个）。

2. **器材** 智慧农业实验台（1 台）、投入式液位传感器（1 个）、传感器节点（1 个）、M4 螺丝 + 螺母（若干）、M3 螺丝 + 螺母（若干）、M2 螺丝 + 螺母（若干）、线材（若干）、扎带（若干）。

（二）传感器参数

1. **工作电压** 12 VDC。

2. **工作温度**   − 20 ~ 80℃。

3. **温度漂移** 0.03% F・S/℃。

4. **介质温度**   − 10 ~ 50℃。

5. **测量范围** 0 ~ 300 m。

6. **测量介质** 对不锈钢无腐蚀的油、水等。

7. **过载能力**   < 1.5 倍量程。

8. **通信协议** RS485（Modbus 协议）。

（三）壳体尺寸及外观图

投入式液位传感器探头直径为 28 mm，探头高度为 111 mm。实物图见下图所示。

图 3 − 1 − 2   投入式液位传感器外观图

（四）设备安装

使用两套 M2 螺丝和螺母将传感节点固定在实验台的格板上，可以将上端两孔固定在隔板，也可以将对角线两孔固定。这里的投入式液位传感器，不需要使用螺钉进行固定，只要需要将它放在格板上即可。图 3 − 1 − 3 展示了安装效果。

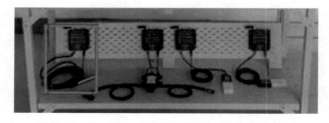

图 3 − 1 − 3   投入式液位传感器及节点安装效果

（五）导线安装

投入式液位传感器同样采用 RS485 通信，红色接 12 VDC、蓝色接 GND、黄色接 DATA1、黑（白）色接 DATA2（具体线序看传感器说明书）。

（1）使用剥线钳将传感器 4 根线上的绝缘胶去掉，如图 3 - 1 - 4 所示。

（2）使用一字螺丝刀将剥好的线按照节点端口上标注的线序接在传感器节点的端子上，如图 3 - 1 - 5 所示。

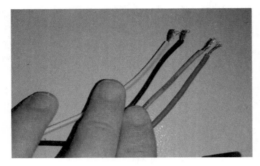

图 3 - 1 - 4　剥除绝缘胶

图 3 - 1 - 5　传感器节点端子连接

（六）调试液位传感器

具体调试操作请按照项目二任务二中的传感器调试方法进行。需要设置节点地址（与其他传感器的节点地址不能重复），设置波特率为 9 600，设置地址为 16 水位，设置 LoRa 通信速率和通信信道（数值要与其他传感器节点保持相同）。设置完成后要点击保存数据和设备重启。图 3 - 1 - 6 为调试界面。

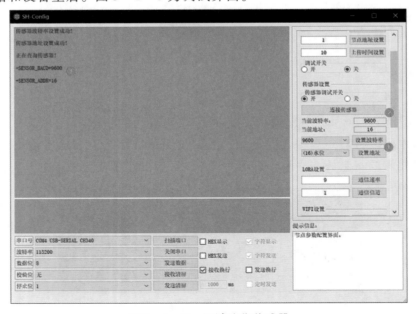

图 3 - 1 - 6　调试液位传感器

（七）常见问题

（1）传感器节点的数据线 DATA1、DATA2 线请勿接反。

（2）传感器节点电源线请勿接反。

（3）传感器节点不要使用超过 12 VDC 电源进行供电。

（4）设备数量过多或布线太长，应就近供电，加 485 增强器，同时增加 120 Ω 终端电阻。

（5）设备安装螺丝紧固尽量以对角进行紧固。

（6）布线保持横平竖直，设备布局保持上下对称，左右对齐。

（7）安装设备时必须断电。

步骤三：安装调试直流水泵

（一）工具与器材

1. 工具　螺丝刀（1 套）、斜口钳（1 把）、剥线钳（1 把）。

2. 器材　智慧农业实验台（1 台）、喷雾静音电机（1 个）、传感器节点（1 个）、可调雾化喷头（1 个）、水泵进水口过滤网（1 个）、9/12 mmPVC 软管（1 截）、连通接头（1 个）、M4 螺丝 + 螺母（若干）、M3 螺丝 + 螺母（若干）、M2 螺丝 + 螺母（若干）、线材（若干）、扎带（若干）。

（二）直流水泵功能特点

（1）电机的定子和电路板部分采用环氧树脂灌封并与转子完全隔离，解决了电机式直流水泵长期潜水产生的漏水问题，可以水下安装而且完全防水。

（2）同一电压可以做出很多种参数，比如 24 V 水泵可以做成扬程 2 米，也可以做成扬程 7 米。水泵可以宽电压运行，比如 24 V 的水泵可以在电压 24 V 以下运行。

（3）水泵的轴心采用高性能陶瓷轴，精度高，抗震性好，由于水泵采用陶瓷轴套与陶瓷轴的精密配合，噪音低于 35 分贝，功率小一点的甚至可以达到 30 分贝以下，几乎达到静音效果。

（4）水泵中的三相无霍尔程序驱动直流水泵可以实现 PWM 调速，模拟信号输入调速，电位器手动调速，这样就可以调节流量及扬程，可以定做音乐喷泉。三相直流水泵具有卡死保护，反接保护。

（5）水泵已根据需求配置 4 分管螺纹或 6 分管螺纹，满足特殊的需求。

（6）多功能设计，可以潜水使用也可以放在外面（安装位置低于液面）。

（三）设备参数

1. 工作电压　12 VDC。

2. 最大功能　60 W。

3. 开口流量　5 L/min。

4. 吸程　1.5 m。

5. **扬程** 50 m。

6. **射程** 7 m。

7. **通信协议** RS485（Modbus 协议）。

（四）外观图

直流水泵实物图如下图所示。

图 3 − 1 − 7　直流水泵外观图

（五）设备安装

直流水泵设备和节点安装过程与项目二任务一中的一体式气象站传感器安装过程相同，此处不再重复。

（六）导线安装

直流水泵设备和节点导线安装过程与项目二任务一中的一体式气象站传感器导线安装过程相同，此处不再重复。

（七）调试直流电机

在 SH − Config 的节点配置控件【节点设置】中，通信类型选择为【LoRa 通信】，设备类型选择为【灌溉控制】，节点地址设置为与其他传感器的节点地址不重复的数，上传时间设置 10，点击【选择通信类型】【选择设备类型】【节点地址设置】和【上传时间设置】，将设置的通信类型、设备类型、节点地址和上传时间，发送到 Smart NE，Smart NE 接收成功后会返回信息，如图 3 − 1 − 8 所示。

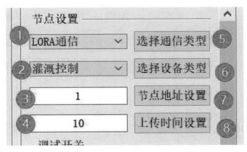

图 3 − 1 − 8　直流电机调试界面

点击 SH – Config 的【保存参数】，Smart NE 会保存修改的参数信息，保存过程需要等待一段时间，其间请勿关闭 Smart NE 电源。保存成功后会返回"保存成功"，如图 3 – 1 – 9 所示。

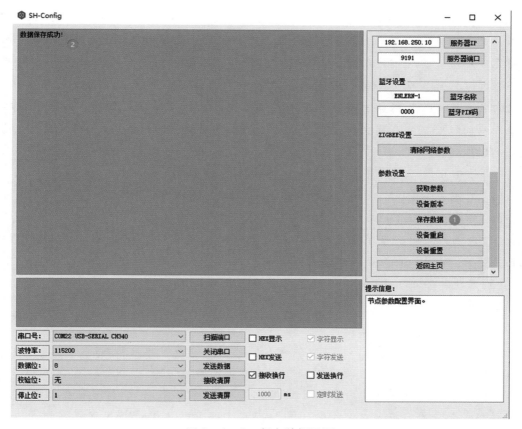

图 3 – 1 – 9　保存数据界面

点击【设备重启】，Smart NE 返回"系统重启成功"并立即重启。等待 Smart NE 的 PW 灯慢闪，代表重启成功。

(八)注意事项

(1)不可以在水中浸泡电机。

(2)不可以随意调整压力调整螺丝。

(3)进水口必须干燥过滤装置，否则容易造成水泵堵塞，造成压力降低。

(九)常见问题

直流水泵安装过程中的常见问题与液位传感器相同，此处不再重复。

知识补充

· 什么是 LoRa

LoRa(Long Range Radio，远距离无线电)是一种基于扩频技术的远距离无线传输技术，是 LPWAN(低功耗广域网)通信技术中的一种，是 Semtech 公司创建的低功耗局域网无线标准。这一方案改变了以往关于传输距离与功耗的折中考虑方式，为用户提供一种简单的能实现远距离、低功耗、大容量的无线通信系统，进而扩展传感网络。它最大特点就是在同样的功耗条件下比其他无线方式传播的距离更远，实现了低功耗和远距离的统一，它在同样的功耗下比传统的无线射频通信距离扩大 3~5 倍。

· LoRa 的特性

(1)传输距离：城镇可达 2~5 km，郊区可达 15 km。

(2)工作频率：ISM 频段，包括 433 MHz、868 MHz、915 MHz 等。

(3)标准：IEEE 802.15.4 g。

(4)调制方式：基于扩频技术，是线性调制扩频(CSS)的一个变种，具有前向纠错(FEC)能力，是 Semtech 公司私有专利技术。

(5)容量：一个 LoRa 网关可以连接成千上万个 LoRa 节点。

(6)电池寿命：长达 10 年。

(7)安全：AES128 加密。

(8)传输速率：几百到几十千比特每秒，速率越低传输距离越长。

· LoRa 组网结构

LoRa 网络主要由终端(内置 LoRa 模块)、网关(或称基站)、网络服务器以及应用服务器组成，应用数据可双向传输，图 3-1-10 展示了 LoRa WAN 网络架构。

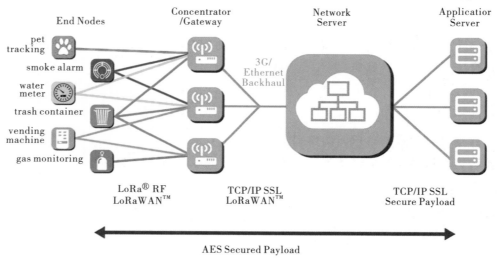

图 3-1-10　LoRa WAN 网络架构

LoRa WAN 网络架构是一个典型的星形拓扑结构，在这个网络架构中，LoRa 网关是一个透明传输的中继，连接终端设备和后端中心网络服务器。终端设备采用单跳与一个或多个网关通信，所有的节点与网关间均是双向通信。

LoRa 的终端节点可能是各种设备，比如水表、气表、烟雾报警器、宠物跟踪器等。这些节点通过 LoRa 无线通信首先与 LoRa 网关连接，再通过 3G/4G 网络或者以太网络，连接到网络服务器中。

LoRa 网络将终端设备划分成 A/B/C 三类：

（1）Class A：双向通信终端设备。这一类的终端设备允许双向通信，每一个终端设备上行传输会伴随着两个下行接收窗口。终端设备的传输时隙是基于其自身通信需求，其微调基于 ALOHA 协议。

（2）Class B：具有预设接收时隙的双向通信终端设备。这一类的终端设备会在预设时间中开放多余的接收窗口，为了达到这一目的，终端设备会同步从网关接收一个 Beacon，通过 Beacon 将基站与模块的时间进行同步。

（3）Class C：具有最大接收窗口的双向通信终端设备。这一类的终端设备持续开放接收窗口，只在传输时关闭。

企业接入网关充当 Gateway 角色，通过 USB 或 SPI 等接口与内嵌的 LoRa 模块（内置 LoRaWAN 协议）通信，实现对 LoRa 的支持。LoRa 模块通过 USB 连接企业网关时，LoRa 模块（或 USB 接口）被虚拟化为 SPI 设备，企业网关系统通过调用 libMPSSEI 库实现与 LoRa 模块通信。

· LoRa 市场方案

Semtech 拥有 LoRa 技术的专利，目前只有 Semtech 提供 LoRa 射频芯片。Semtech 分别提供了用于终端和网关的芯片，目前，Semtech 仅提供一款芯片 SX1301 支持 LoRa 网关，市场上大部分 LoRa 网关都基于 SX1301 开发（极少数厂商网关采用普通终端芯片，终端数量少时可满足基本需求）；根据区域使用频段和增益不同，Semtech 提供了 6 款 LoRa 终端收发芯片。

为了满足网关需求和提高开发速度，企业网关采用内置 SX1301 网关芯片的模块方案较为合适。硬件方面，模块基于 SX1301 芯片设计，标准的外置接口为 SPI，部分模块提供 USB 接口，便于配置使用；软件方面，内置 LoRaWAN 标准协议栈（Semtech 提供），便于二次开发。

🐾 任务练习

请根据本节课内容来进行灌溉系统的选型以及安装上云：

1. 请根据项目给出的传感器用 Visio 画出任务分析图。
2. 请根据本任务内容来进行传感器的选择。
3. 请将选择出来的传感器进行安装。
4. 请使用安装完成的传感器来进行调试。
5. 配置网关使得传感器数据可以在网关上显示。

任务二 实现智能灌溉云平台逻辑设计

一、任务描述

在物联网云平台上创建一个智慧农业灌溉系统项目，启动智慧农业灌溉系统接入云平台，通过云平台实现智慧农业灌溉系统的监测与控制。

二、任务分析

云平台的实现包括项目创建、设备添加和系统调试等部分。首先在物联网平台创建项目，添加智慧农业灌溉系统的相关设备和基础参数。然后对设备进行网络通信参数配置并进行系统调试连接，最后进行系统的综合测试。

三、任务实施

步骤一：创建设备与产品

在物联网平台下为农业灌溉系统添加产品与所需要的设备节点，详细步骤参考项目二任务三中物联网平台创建产品和设备步骤。图 3 – 2 – 1 为创建设备界面。

图 3 – 2 – 1 创建设备界面

步骤二：搭建智能灌溉监控大屏

在物联网应用平台下建立 Web 可视化应用，即智慧农业可视化大屏，命名为"智慧农业可视化系统"，使用基础组件中的矩形组件对空白页面进行页面颜色的调整；

使用基础组件中的图片组件插入农业灌溉水泵的图片，同时添加文字组件为其配置的数据源来自智慧农业灌溉设备，添加控制开关，设置开关的交互动作使得能够通过云端控制灌溉水泵的开启与关闭；火灾报警开关、灯开关、门锁、红外对射设备的状态以及控制操作同灌溉水泵相同，也可以根据实际任务需求添加所需要的设备；添加图标组件中的"实时曲线"组件，将灌溉系统中的土壤 pH 值作为数据源配置给实时曲线图；最后对页面布局根据实际任务需求进行设计。详细操作步骤参考项目二任务三中相关 Web 可视化大屏编辑内容。智能灌溉 Web 监控大屏效果如下图所示。

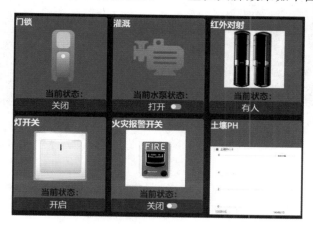

图 3 - 2 - 2　智能灌溉 Web 监控大屏效果

物联网应用平台下建立 Web 可视化应用过程中，合理利用"组件"可以改善监控大屏整体效果。下面介绍四种最常用"组件"的设置方式。

（一）添加设备地图

图 3 - 2 - 3 为添加设备地图操作步骤，修改模板页面中整体设备概况部分，拖拽设备地图组件，调整至适应大小，修改完成后的效果如图 3 - 2 - 4 页面修改图所示。设备地图主要用于监控农业设备的位置，也可以监控设备是否在线。

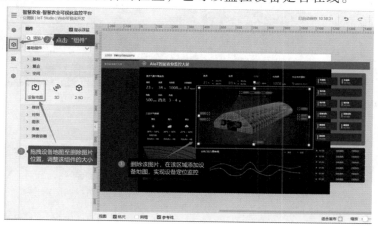

图 3 - 2 - 3　添加设备地图操作

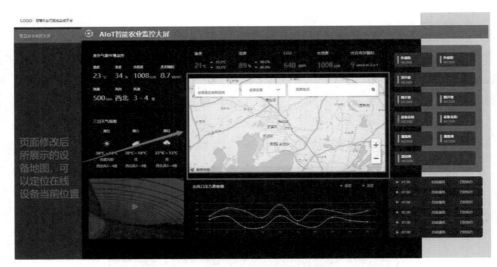

图 3 - 2 - 4 页面修改后效果

（二）添加天气预报

添加在线天气预报，用于监控智慧农业天气状况。添加"iframe"图所示，将模板中的静态数据全部删除，拖拽基础组件"iframe"至模板天气预报处，调整到合适到大小。具体操作如图 3 - 2 - 5 所示。

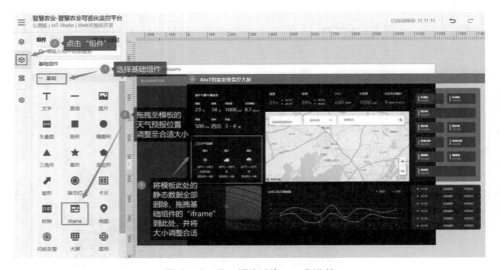

图 3 - 2 - 5 添加"iframe"组件

为"iframe"配置链接，点击右导航栏的"配置"，如图 3 - 2 - 6 所示。

在配置链接页，可以看到链接地址的要求；打开"浏览器"搜索天气预报，将链接地址为 https 的粘贴至配置链接页的"链接内容"处，即将"天气12345"的链接复制到链接内容对话框中，参数配置完成之后，点击"确定"，也可以根据实际任务需求添加相关页面。具体操作如图 3 - 2 - 7 所示。

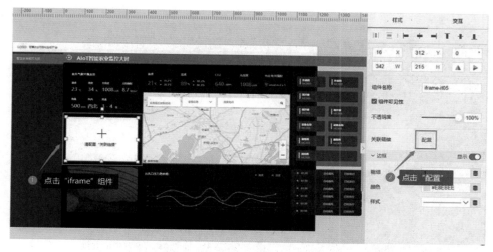

图 3 -2 -6 配置"iframe"组件

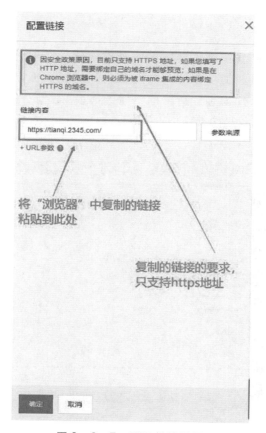

图 3 -2 -7 配置链接界面

导人的"浏览器"中的页面就显示出来，页面内容会自动更新，天气预报组件界面效果如图 3 - 2 - 8 所示。

图 3 -2 -8　天气预报组件效果

（三）添加数据分析表

数据分析表用于监控农业设备具体在何时被访问，在何时被打开。在导航页面添加空白页面后，在导航栏添加主菜单，将主菜单与相同页面名称进行配置后，为空白的设备管理页添加设备管理列表，从图标组件中拖拽"数据分析"至页面中调整位置大小即可。具体操作如图 3 -2 -9 所示。

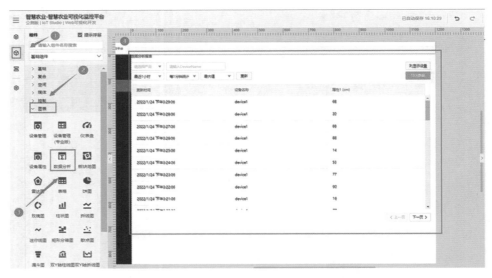

图 3 -2 -9　添加数据分析

（四）添加设备管理页面

通过设备管理页可以在线更直观的监控农业设备的状态，以及控制农业设备的开启与关闭。在导航页面添加空白页面，如图 3 -2 -10 所示。

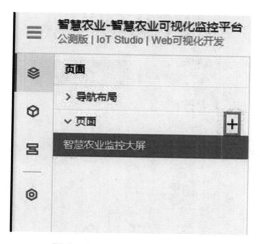

图 3 – 2 – 10　添加空白页面

页面添加完成后，在导航栏添加主菜单，将主菜单与相同页面名称进行配置，即将名称为"设备管理"的菜单配置给名称为"设备管理"的页面，如图 3 – 2 – 11 所示。

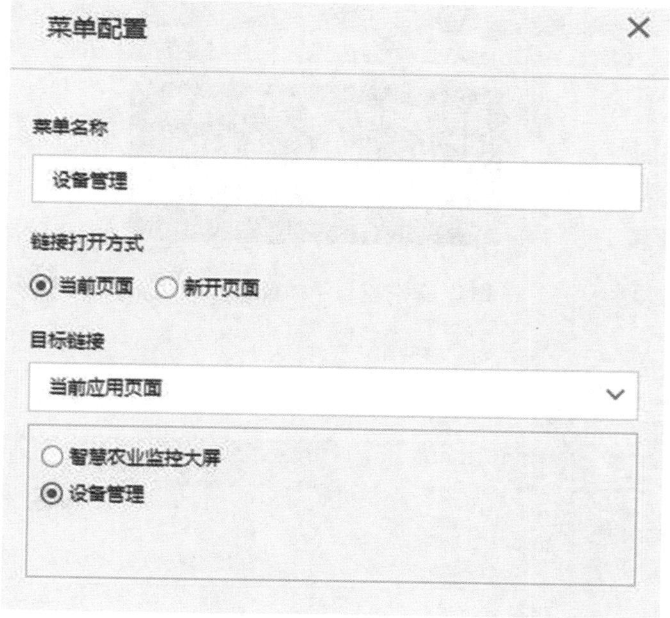

图 3 – 2 – 11　菜单配置

为空白的设备管理页添加设备管理列表。从图标组件中拖拽"设备管理"（专业版）至页面中调整位置大小即可。具体操作如图 3 – 2 – 12 所示。

以上操作完成后，通过"预览"，预览已经完成的页面，可以通过导航栏切换不同面。如图展示为设备管理页面，可以看到农业下产品处于离线状态并已启用，如图 3 – 2 – 13 所示。

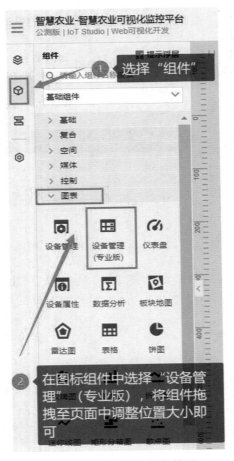

图 3-2-12　添加设备管理

图 3-2-13　页面导航效果预览

步骤三：搭建智能灌溉移动可视化

在物联网应用平台下建立移动可视化应用，即智慧农业移动可视化监控，命名为"智慧农业移动灌溉系统"。在移动应用中，应用"开关"类控制组件实现对水泵、烟雾报警器、声光报警器等执行控制器的移动控制；应用"文字"类基础组件实现灌溉农业中的数据可视化，即在线查看灌溉农业中的温湿度；应用"实时曲线"等图标类组件对灌溉农业中土壤温湿度、二氧化碳浓度进行数据变化在线监控；根据实际需求设计移动应用页面。详细步骤参考项目二任务二中的移动应用可视化操作步骤。图 3 – 2 – 14 展示了智慧农业灌溉移动应用界面。

图 3 – 2 – 14　智慧农业灌溉系统移动应用界面

步骤四：实现钉钉消息提示

回到项目管理页，在上一步已经创建完成的项目中，新建业务逻辑。具体方法如图 3 – 2 – 15 所示。

图 3 – 2 – 15　新建业务逻辑界面一

点击新建业务逻辑后，会出现【新建空白业务服务】和【从模板新建】，这里选择【从模板新建】，如图 3 - 2 - 16 所示。

图 3 - 2 - 16　新建业务逻辑界面二

点击【从模板新建】后，在新建页面下，选择【空白模板】导入，也可以选择已有提供的模板自己直接修改模板，操作方法如图 3 - 2 - 17 所示。

图 3 - 2 - 17　业务逻辑开发界面

点击【空白模板】后，为业务逻辑命名，选择其所属项目。根据任务需求，本业务所属项目为智慧农业，任务描述为：设备监测到室内的温度过高不适农作物生长的情况下，通过钉钉机器人发送消息到钉钉群，也可以根据实际任务需要添加备注信息。具体操作过程见图 3 - 2 - 18 所示。

切换到左导航，选择要编辑的节点，具体操作过程如图 3 - 2 - 19 所示。

图 3 - 2 - 18　新建业务服务

图 3 - 2 - 19　编辑节点界面

将左导航栏中需要的【触发】选择【设备触发】，【功能】选择【条件判断】和【设备触发】，【消息】选择【设备触发】，并将这四个节点拖拽到画布中。具体操作如图 3 - 2 - 20 和图 3 - 2 - 21 所示。

图 3 - 2 - 20　选择节点

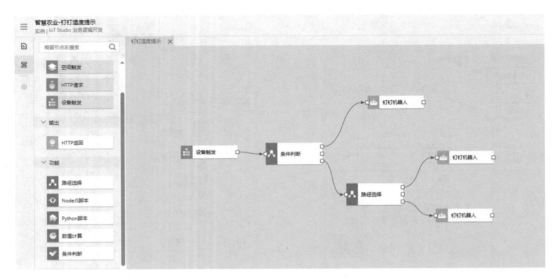

图 3 - 2 - 21　节点布局

编辑节点数据。点击设备触发节点，设备触发节点所配置的设备为温室控制系统的测温设备，如图修改设备节点的参数属性，其他节点根据任务需求修改。具体操作如图 3 - 2 - 22 所示。

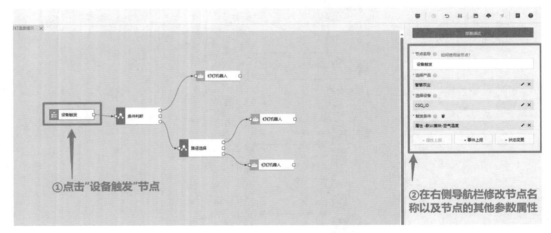

①点击"设备触发"节点

②在右侧导航栏修改节点名称以及节点的其他参数属性

图 3 - 2 - 22　节点配置

点击条件判断节点，按照如图修改节点属性，设置温室温度大于 35 ℃时，不利于植物生长，则钉钉机器人发出"环境温度过高"的警示到钉钉群通知指定人群（这里的指定人群可以是所有人，也可以是被指定的一个人或一些人）；这里设置的第一个用于比较的数据源来自设备节点，选择【设备触发】和【温度】，【选择比较方式】为大于，【选择用于比较的数据源】选择为【固定值】，类型为【数值型】，值为 35。设置完成后，设备采集到的温室环境温度大于 35 ℃时，即满足条件判断的条件时，会通过钉钉机器人发出告警信息。图 3 - 2 - 23 为配置条件各属性的配置参数。

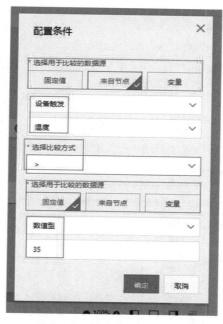

图 3 - 2 - 23　配置条件界面

　　在 PC 端的钉钉中创建群聊，在群设置中添加智能群助手，具体操作如图 3 - 2 - 24 所示。

图 3 - 2 - 24　添加智能群助手

添加机器人，如图 3 - 2 - 25 所示。

图 3 -2 -25　添加机器人操作

选择自定义机器人，如图 3 -2 -26 所示。

图 3 -2 -26　选择自定义机器人

【机器人名字】自主命名,【安全设置】中勾选【自定义关键字】,勾选免责条款,然后点击【完成】。具体操作如图 3 – 2 – 27 所示。

完成创建后,复制 Webhook 到业务逻辑中钉钉机器人的 Webhook 处,点击完成,钉钉机器人就创建完成了。如图 3 – 2 – 28 所示。

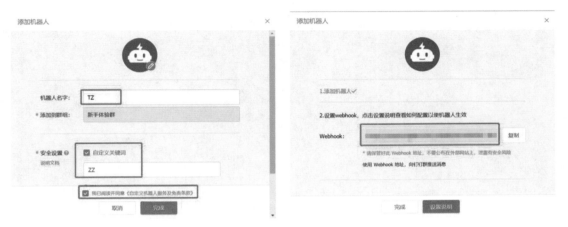

图 3 – 2 – 27　编辑机器人参数　　　　　图 3 – 2 – 28　获取机器人的 Webhook

添加完成的群机器人,可以在本群的机器人中查看,如图 3 – 2 – 29 所示。

图 3 – 2 – 29　查看添加的机器人

满足条件判断后,即当温室中环境温度超过 35 ℃时,满足条件判断,对钉钉机器人进行数据配置,根据图 3 – 2 – 30 提示信息,将钉钉机器人的 Webhook 粘贴至相对应的位置,配置方法选择使用模板,提示文档的内容根据需求编辑,如果在添加钉钉机

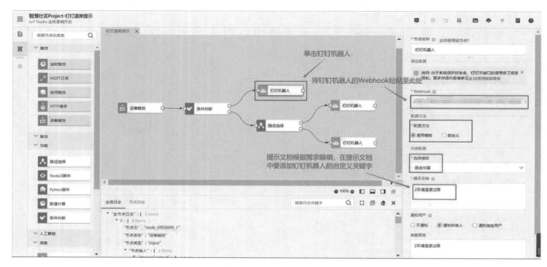

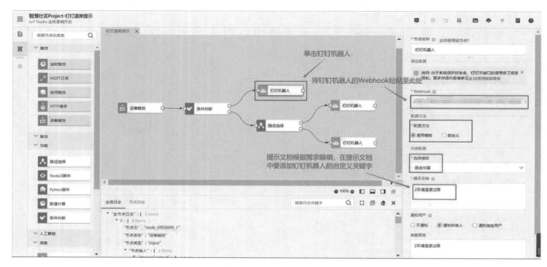

器人时选择了自定义关键字，在提示文档中要添加自定义关键字。

图 3 - 2 - 30　配置钉钉机器人

　　不满足条件判断时，即当温室中的环境室温不达到 35 ℃时，将条件判断的另一端接路径选择，配置路径选择的属性。符合路径条件属性小于等于 5 时，即当温室中环境温度低于 5 ℃时，钉钉机器人发出温度过低的告警提示；不符合条件属性时，温室中环境温度，既不高于 35 ℃又不低于 5 ℃时，此时钉钉机器人则提示当前环境温度正常。具体设置如图 3 - 2 - 31 所示。

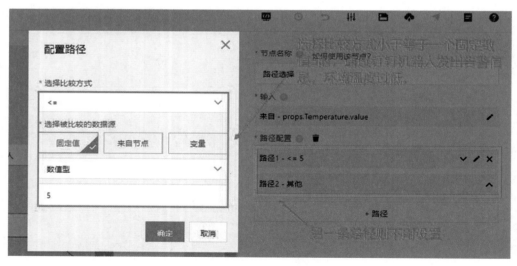

图 3 - 2 - 31　配置路径界面

　　数据配置完成后，在顶部导航栏选择部署调试，部署成功后，页面会弹出提示框前往物联网平台使用虚拟设备调试，可以对业务逻辑进行简单的调试操作。如图 3 - 2 - 32所示。

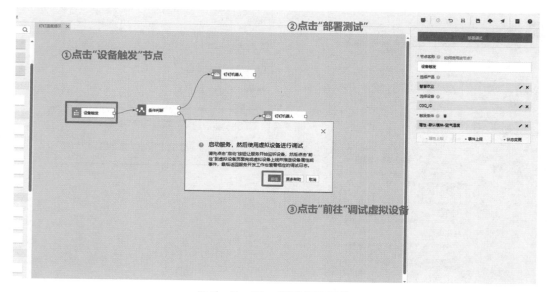

图 3 - 2 - 32　调试部署操作

在物联网平台中的设备模拟器下，点击【启动设备模拟器】后，选择【属性上报】，如图 3 - 2 - 33。

图 3 - 2 - 33　设备模拟器

在物联网平台下，发送模拟室温，业务逻辑会判断当前模拟室温的高低，通过钉钉机器人发出告警信息，在此给温度设置模拟数据量，看钉钉机器人发出的告警信息是否正确。如图 3 - 2 - 34 所示。

当室温过高时，钉钉机器人则提示"当前环境温度过高"，会通过群发消息发送告警信息。可以在物联网平台上进行多次的模拟数据量的调试，查看业务逻辑中是否存在错误，进行调试。如图 3 - 2 - 35 所示。

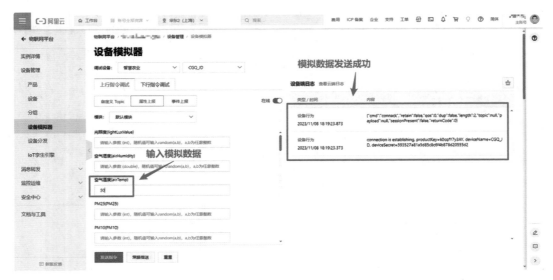

图 3-2-34　属性上报设置

图 3-2-35　消息提示

　　在业务逻辑页面也能看到业务逻辑中，在室温过高时，所选择的路径。如图 3-2-36所示。

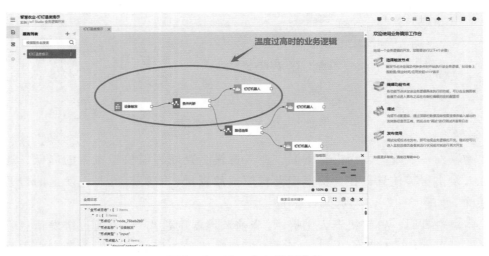

图 3-2-36　业务逻辑路径

知识补充

国内主要物联网平台有以下几种：

·中国移动 One Net 平台

One Net 是中国移动向客户提供的物联网开放平台，平台位于整体网络架构的 PaaS 层，为终端层提供设备接入，为 SaaS 层提供应用开发能力，下图展示了 One Net 平台网络架构。

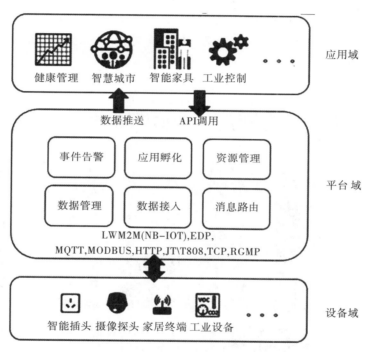

图 3-2-37　One Net 平台网络架构

One NET 平台向客户提供以下功能：

(1)海量连接：提供分布式的集群机制，以支持电信级的海量设备的并发接入；

(2)在线监控：提供设备的监控管理、在线调试、实时控制等功能；

(3)数据存储：平台采用分布式结构，提供玩呗的数据接口和多重保障机制；

(4)消息分发：平台支持将采集的数据通过各种方式(消息路由、短彩信推送、APP 信息推送等)快速告知客户的业务平台、手机、APP 客户端等；

(5)事件告警：提供事件触发引擎，允许用户自定义事件触发条件，帮助客户实现业务逻辑的编排；

(6)能力输出：汇聚了短彩信服务、位置服务、视频服务、公有云等核心能力，提供 API 接口。除以上平台功能外，One NET 还为物联网应用开发提供各种产品应用开发套件，如 MQTT 套件、NB-IoT 套件。通过 One NET，客户可以缩短物联网应用的开发周期，减少开发成本，促进传统企业应用创新升级。

目前，中国移动的 One NET 免费向客户提供服务，中移动主要是通过 One NET 平台吸引客户使用中国移动的物联网卡。为形成健康的物联网生态圈，中移动还成立了中国移动物联网联盟，凡是加入联盟的产业链伙伴，将得到中国移动全方位资源的支持，包括开放平台 One NET、公众物联网、内置 eSIM 的物联网通信芯片及消费级、工业级、车规级通信模组等。

· 阿里云 Link 物联网平台

阿里云 Link 物联网平台是阿里云系列产品和服务的一部分，是阿里云面向物联网领域开发人员推出的设备管理平台，旨在帮助开发者搭建数据通道，方便终端（如传感器、执行器、嵌入式设备、智能家电等）和云端进行双向通信。图 3-2-38 为阿里云 Link 物联网平台架构。

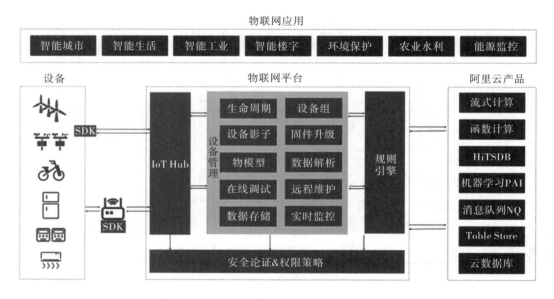

图 3-2-38　阿里云 Link 物联网平台架构

阿里云 Link 物联网平台主要向客户提供以下功能：

（1）设备接入：提供 2G/3G/4G、NB-IoT、LoRa 等不同网络设备接入方案，提供 MQTT、CoAP 等多种协议的设备端 SDK 让设备轻松接入阿里云；

（2）设备通信：设备可以使用物联网平台，通过 IoTHub 与云端进行双向通信；

（3）设备管理：提供完整的设备生命周期管理功能，包括设备注册、功能定义、脚本解析、在线调试、OTA 远程升级等；

（4）安全能力：提供多重防护保障设备云端安全，包括设备秘钥安全认证、秘钥芯片级存储、TLS/DTLS 加密传输、设备权限管理等；

（5）规则引擎解析转发数据：通过配置规则引擎将物联网平台与阿里云的产品无缝打通。可以配置简单规则，将设备数据转发至云产品中，进而获得存储、计算等其他服务。使用阿里云 Link 物联网平台的客户通过平台 Portal 即可完成在线注册、实名认证、业务开通、充值缴费、发票获取等全流程操作，平台功能的获取和使用非常方便。同时，通过配置规则引擎，客户可以实现物联网平台能力与阿里云其他产品的无缝融合。

Link 物联网平台采用收费模式，平台费用包括设备接入费用和设备管理费用。其中设备接入费用是根据平台列出的需要收费的平台接口和消息，按照消息数进行收费。每月前 100 万条消息免费，超出 100 万则按照使用量进行计费。

· 微软 Azure IoT

Azure IoT 是微软提供的一个综合性云服务平台，开发人员和 IT 专业人士可使用该平台来生成、部署和管理应用程序。其中，IoT 套件架构在 Azure 之上，是基于 Azure 平台即服务(PaaS)的企业级预配置解决方案集合，可帮助客户加速物联网解决方案的开发。

Azure IoT 套件提供一系列支持快速部署、快速入门、按需自定义的预配置解决方案。预配置解决方案是可以使用订阅部署到 Azure 的常见 IoT 解决方案模式的开源实现。每个预配置解决方案都通过将自定义代码和 Azure 服务相结合来实现特定的 IoT 方案。可以根据特定的要求自定义任何方案。

这些方案包括：

(1)在功能丰富的仪表板上实现数据的可视化，以获取深度见解和解决方案状态；

(2)通过实时 IoT 设备遥测配置规则和警报；

(3)计划设备管理作业，例如软件和配置的更新；

(4)预配自己的自定义物理或模拟设备；

(5)在 IoT 设备组内排查和修复问题。

目前，微软主要提供两个预配置解决方案：

(1)远程监控；

(2)预测性维护每个预配置解决方案映射到了特定的 IoT 功能。

· 机智云平台

机智云平台是机智云物联网公司经过多年行业内的耕耘及对物联网行业的深刻理解，而推出的面向个人、企业开发者的一站式智能硬件开发及云服务平台。机智云平台为开发者提供了自助式智能硬件开发工具与开放的云端服务，通过傻瓜化的自助工具、完善的 SDK 与 API 服务能力最大限度降低物联网硬件开发的技术门槛，降低开发者的研发成本，提升开发者的产品投产速度，帮助开发者进行硬件智能化升级，更好的连接、服务最终消费者。图 3-2-39 为机智云平台架构。

平台提供了从定义产品、设备端开发调试、应用开发、产测、云端开发、运营管理、数据服务等覆盖智能硬件接入到运营管理全生命周期服务的能力。除平台功能外，机智云还配套提供了各种辅助开发工具，保证用户应用的快速开发。包括 GAgent 通信模组、IoT SDK、GoKit 智能设备开发套件等。

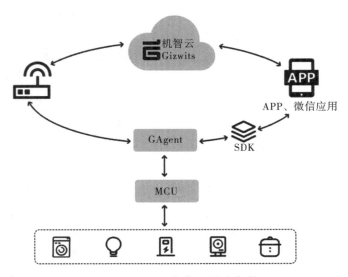

图 3 - 2 - 39　机智云平台架构

利用以上能力，物联网终端的开发者可在入网模组上直接运行 GAgent，使模组接入机智云平台实现数据的上传和接收，开发者无须关心模组与机智云间的传输协议。也可以利用 SDK 开发手机端 APP，实现与云端的通信。

任务练习

根据不同用户需求，分析所需采样的传感器参数，设计智能灌溉系统监控大屏。

1. 实现智能灌溉系统的在线 Web 数据监控。

2. 实现智能灌溉系统的移动端数据监控和设备控制。

3. 实现智能灌溉系统告警推送钉钉机器人设置。

任务三　调试网关获取各节点数据

一、任务描述

在通信领域，网关主要负责节点和服务器之间的数据流转。LoRa WAN 是一种基于 LoRa 远距离通信技术配套设计的一套通信协议和系统架构，主要包括三个层次的通信实体：LoRa 节点、LoRa 网关以及服务器。LoRa 网关是 LoRa 节点和服务器之间的桥梁。LoRa 节点使用低功耗网络（LoRa）连接到 LoRa 网关，LoRa 网关使用高带宽网络（如 WiFi、以太网或 5G）连接到服务器。

LoRa 网关需要获取节点数据，节点需要通过 RS485 串口获取传感器数据。

本任务从节点出发，通过串口获取传感器的数据，展示了传感器到串口通信节点的全流程。

二、任务分析

首先配置串口通信，实现数据接收和发送，完成串口服务。串口通信重要参数是波特率、数据位、停止位和奇偶的校验。对于两个需要进行串口通信的端口，这些参数须匹配才能实现串口通信。

然后通过宏定义，完成典型案例光照传感器、温湿度传感器数据数据接收。

三、任务实施

步骤一：配置串口通信

持续监听端口，判断端口事件类型，执行数据接收操作。端口监听程序代码如下图所示。

```
1.    public class ContinueckRead extends Thread implements SerialPortEve
ntListener {
2.        // SerialPortEventListener
3.        static CommPortIdentifier portId;
4.        static Enumeration<E> portList;
5.        static InputStream inputStream;
6.        static OutputStream outputStream;
7.        static SerialPort serialPort;
8.        private BlockingQueue<String> msgQueue = new LinkedBlockingQueue
<String>();
```

图 3 - 3 - 1　端口监听程序代码

上述代码中自定义类 ContinueckRead 继承自 Thread 类，实现接口 SerialPortEvent Listener，代码功能为开启一个线程运行串口数据监听器。各字段功能如下：

CommPortIdentifier portId：串口通信管理类，用于管理系统端口与设备的连接；

Enumeration < E > portList：有效连接上的端口的枚举列表；

InputStream inputStream：初始化串口输入流；

OutputStream outputStream：初始化串口输出流；

SerialPort serialPort：创建一个引用串口的对象；

private BlockingQueue < String > msgQueue：创建一个基于链接节点的可选有界阻塞消息队列用于存放数据包，队列长度默认为最大值 Integer. MAX_ VALUE。

图 3 - 3 - 2 程序代码用于端口事件类型的判断。

以上代码中各字段含义解释如下：

```
1.          public void serialEvent(SerialPortEvent event) {
2.             switch (event.getEventType()) {
3.                  case SerialPortEvent.BI:
4.                  case SerialPortEvent.OE:
5.                  case SerialPortEvent.FE:
6.                  case SerialPortEvent.PE:
7.                  case SerialPortEvent.CD:
8.                  case SerialPortEvent.CTS:
9.                  case SerialPortEvent.DSR:
10.                 case SerialPortEvent.RI:
11.                 case SerialPortEvent.OUTPUT_BUFFER_EMPTY:
12.                 case SerialPortEvent.DATA_AVAILABLE:
13.            }
```

图 3 - 3 - 2　端口事件类型判断程序代码

switch(event. getEventType( )):对此端口事件关联的事件类型进行判断,这将不使用的串口事件类型字段的对应操作设为空语句;

Case SerialPortEvent. DATA_ AVAILABLE:事件类型为"串口出现可用数据",即接收到输入流,则执行读取数据操作。

步骤二:输入流数据接收操作

用于接收输入数据流的程序代码如下图所示。

```
1.      byte[] readBruffer = new byte[20];
2.      while (inputStream.available() > 0)
3.      {
4.      //该循环执行数据接收
5.          int numBytes = inputStream.read(readBuffer);
6.          if (numBytes > 0)
7.          { msgQueue.add(new Date() + "Received data: -----"
8.                  + new String(readBuffer));
9.          readBuffer = new byte[20];  }
10.         else
11.         {   msgQueue.add("Failed to receive data");  }
12.     }
```

图 3 - 3 - 3　接收输入数据程序代码

以上代码段中各字段含义如下:

byte［ ］readBuffer = new byte［20］：创建数据接收缓存，分配 20 字节内存作为数据流接收缓存；

while(inputStream. available( ) > 0)：该循环执行数据接收与打包操作，available 方法返回数据输入流的可用字节数作为循环条件，该返回值为当前数据输入流的连续可用字节数，该值为 0 代表数据流中断；

int numBytes = inputStream. read(readBuffer)：调用 read( )方法，从输入流中读入数据到接收缓存；

msgQueue. add(new Date ( ) + " Receiveddata： － － － － － " + new String (read-Buffer))：数据打包，添加时间戳和包头，插入数据包队列；

readBuffer = new byte［20］：重新为接收缓存分配内存空间。

步骤三：串口连接服务

通过端口通信管理类获得当前端口连接上的设备列表和传输服务请求信息指定的串口 ID，从端口列表中获取相应串口对象，打印串口设备列表，程序代码如下图所示。

```
public int startComPort() {

1.    portList = CommPortIdentifier.getPortIdentifiers();
2.    Specified_portId = IOTPortIdentifier.getSpecifiedport();
3.        while (portList.hasMoreElements()) {
4.            portId = (CommPortIdentifier) portList.nextElement();
5.            if (portId.getPortType() == Specified_portId) {
6.                if (portId.getName().equals()) {
```

图 3 - 3 - 4　获取设备列表的程序代码

启动串口连接，设置延迟为 2 毫秒，实例化当前串口的输入输出流，添加监听器功能。设置监听器生效，即当有数据时通知。设置串口的一些读写参数：比特率、数据位、停止位、奇偶校验位，程序代码如下图所示。

```
1.    serialPort = (SerialPort) portId.open(2000);
2.    inputStream = serialPort.getInputStream();
3.    outputStream = serialPort.getOutputStream();
4.    serialPort.addEventListener(this);
5.    serialPort.notifyOnDataAvailable(true);
6.    serialPort.setSerialPortParams(9600, SerialPort.DATABITS_8, SerialP
ort.STOPBITS_1,SerialPort.PARITY_NONE);
```

图 3 - 3 - 5　启动并设置串口程序代码

该程序执行过程解释如下：

第一步，云端服务器调用端口通信管理类 CommPortIdentifier 方法生成端口的枚举列表提交给系统，服务器在该列表中检索数据传输服务指定的连接端口 Specified_portId，然后与该端口配对连接的相应网关设备启动串口连接服务。

第二步，配置串口通信，添加输入输出流 serialPort. getInputStream( )，设置读写参数（比特率、数据位、停止位、奇偶校验位）。云端服务器为串口添加数据流监听器 serialPort. addEventListener( )，持续监听端口上是否出现数据流，做好接收数据的准备，同时创建数据包队列 msgQueue，用于收集储存输入流数据信息。

第三步，当监听器生效，检测到传接口输入流，创建数据接收缓存 readBuffer，使用该缓存接收 20 个字节的输入流数据，添加时间戳和描述信息，插入数据包队列 msgQueue. add( )并重写缓存，重复此过程直到串口输入流中断。

需要说明，不同传感器有着不同的宏定义名称，即为图 3 - 3 - 6 所示代码中 case 后所示名称。表 3 - 3 - 1 为宏定义名称表。

表 3 - 3 - 1　宏定义名称表

传感类型	宏定义名称	传感类型	宏定义名称
光照	USER_ SENSOR_ LIGHT	烟雾	USER_ SENSOR_ FUMES
温湿度	USER_ SENSOR_ TEMP_ HUMI	灯开关	USER_ SENSOR_ SWITCH_ LAMP
粉尘	USER_ SENSOR_ DUST	火灾报警按钮	USER_ SENSOR_ SWITCH_ FIRE
大气压	USER_ SENSOR_ AIR	红外对射	USER_ SENSOR_ INFRARED_ FENCE
噪声	USER_ SENSOR_ NOISE	电表	USER_ SENSOR_ ELECTRIC_ ENERGY
风向	USER_ SENSOR_ NOISE	RFID	USER_ SENSOR_ RFID
风速	USER_ SENSOR_ WIND_ SPEED	人体红外	USER_ SENSOR_ INFRARED
雨雪	USER_ SENSOR_ RAIN_ SNOW	一氧化碳	USER_ SENSOR_ CARBON_ MONOXIDE
土壤温湿度	USER_ SENSOR_ SOIL_ TEMP_ HUMI	甲烷	USER_ SENSOR_ METHANE
土壤 pH	USER_ SENSOR_ SOIL_ pH	紧急按钮	USER_ SENSOR_ CRITICAL_ BUTTON
土壤氮含量	USER_ SENSOR_ SOIL_ NITROGEN	灌溉	USER_ SENSOR_ LRRIGATION
土壤磷含量	USER_ SENSOR_ SOIL_ pHOSpHORUS	灯光	USER_ SENSOR_ ELECTRIC_ LIGHTS
土壤钾含量	USER_ SENSOR SOIL_ POTASSIUM	路灯	USER_ SENSOR_ STREET_ LIGHTS
雨量	USER_ SENSOR_ RAINFALL	声光报警	USER_ SENSOR_ SOUND_ LIGHT
紫外线	USER_ SENSOR_ ULTRAVIOLET_ LIGHT	通风	USER_ SENSOR_ VENTILATION
水位	USER_ SENSOR_ WATER_ LEVEL	插座	USER_ SENSOR_ SOCKETS
二氧化碳	USER_ SENSOR_ CO_2	门锁	USER_ SENSOR_ DOOR_ LOCKS

步骤四：获取节点光照传感器数据

获取节点光照传感器数据的程序代码如图 3 - 3 - 6 所示。

```
1.    /* 光照 */
2.    case USER_SENSOR_LIGHT:
3.        UserSensorDataNum = user_GetSensorData(0,&SensorData[UserSensor
DataParNum]);    //step1 获取数据
4.        if(UserSensorType[UserSensorDataNum].SensorStatus != 2 && UserS
ensorDataNum < UserShowSensorTotal)
5.        {
6.            /*step2 合并数据*/
7.        UserSensorIntData = SensorData[UserSensorDataParNum].Data[0]<< 24 ;
8.            SensorData[UserSensorDataParNum].Data[1] << 16 ;
9.            SensorData[UserSensorDataParNum].Data[2] << 8  ;
10.            SensorData[UserSensorDataParNum].Data[3];
11.            /*step3 格式化数据*/
12.        sprintf((char*)(UserSensorType[UserSensorDataNum].SensorShowData[0]
.SensorData),"%d   ",UserSensorIntData);
13.        sprintf((char*)(UserSensorType[UserSensorDataNum].SensorShowData[0]
.SensorDetailsData),"光强:%dLux   ",UserSensorIntData);
14.        }
15.        UserSensorType[UserSensorDataNum].SensorQuantity = 1;    //step4
设置目标数据元素个数
16.        UserSensorType[UserSensorDataNum].SensorCategory = 0;
17.        UserSensorType[UserSensorDataNum].SensorChangeStatus = 0;
18.        break;
```

图 3 - 3 - 6　获取光照传感器数据的程序代码

以上代码一共可以分为四步骤来执行：

第一步，我们先要获取数据，通过 user_ GetSensorData 函数来收集传感器数据并赋值给 UserSensorDataNum。

第二步，我们需要合并数据格式，对收集到的传感器数据进行位移操作并最终赋值给 UserSensorIntData。

第三步，通过对第二步获得的 UserSensorIntData 进行格式化数据操作进而输出最终的数值来展示在屏幕上。

第四步，设置目标数据元素的个数，即为这个传感器一共收集了几个参数，本段代码收集到一个参数即为 1。

步骤五：获取节点温湿度传感器数据

获取节点温湿度传感器数据的程序代码如图 3 - 3 - 7 所示。

以上代码的执行过程如下：

第一步，我们先要获取数据，通过 user_ GetSensorData 函数来收集传感器数据并赋值给 UserSensorDataNum。

```
1.      /* 空气温湿度 */
2.      case USER_SENSOR_TEMP_HUMI:
3.          UserSensorDataNum = user_GetSensorData(2,&SensorData[UserSensor
DataParNum]);    /*step1 获取数据*/
4.          if(UserSensorType[UserSensorDataNum].SensorStatus != 2 && UserS
ensorDataNum < UserShowSensorTotal)
5.          {      UserSensorShortIntData = SensorData[UserSensorDataParNum]
.Data[2] << 8 | SensorData[UserSensorDataParNum].Data[3];
6.              if(UserSensorShortIntData < 0)
7.              {     /*step2 合并数据*/
8.                  UserSensorShortIntData = ~(UserSensorShortIntData - 1);
9.                  UserSensorFlaotData = (float)UserSensorShortIntData / 10;
10.                 /*step3 格式化数据*/
11.     sprintf((char*)(UserSensorType[UserSensorDataNum].SensorShowData[0].
SensorData),"-%3.1f     ",UserSensorFlaotData);
12.     sprintf((char*)(UserSensorType[UserSensorDataNum].SensorShowData[0]
.SensorDetailsData),"温度:-%3.1f℃        ",UserSensorFlaotData);
13.             }
14.         else
15.         {
16.             UserSensorFlaotData = (float)UserSensorShortIntData / 10;
17.         sprintf((char*)(UserSensorType[UserSensorDataNum].SensorSh
owData[0].SensorData),"%3.1f     ",UserSensorFlaotData);
18.         sprintf((char*)(UserSensorType[UserSensorDataNum].SensorShowData[0]
.SensorDetailsData),"温度:%3.1f℃     ", UserSensorFlaotData);
19.             }
20.         UserSensorFlaotData = (float)(SensorData[UserSensorDataParNum]
.Data[0] << 8 | SensorData[UserSensorDataParNum].Data[1]) / 10;
21.         sprintf((char*)(UserSensorType[UserSensorDataNum].SensorShowDa
ta[1].SensorData),"%3.1f     ",UserSensorFlaotData);
22.         sprintf((char*)(UserSensorType[UserSensorDataNum].SensorShowData[1]
.SensorDetailsData),"湿度:%3.1f%%      ", UserSensorFlaotData);
23.             }
24.         UserSensorType[UserSensorDataNum].SensorQuantity = 2;
25.     //step4 设置目标数据元素个数
26.         UserSensorType[UserSensorDataNum].SensorCategory = 0;
27.         UserSensorType[UserSensorDataNum].SensorChangeStatus = 0;
28.     break;
```

图 3 -3 -7   获取节点温湿度传感器数据的程序代码

第二步，我们需要合并数据格式，对收集到的传感器数据进行位移操作并最终赋值给 UserSensorIntData。

第三步，通过对第二步获得的 UserSensorIntData 进行格式化数据操作进而输出最终的数值来展示在屏幕上，注意本段代码有收集到两组数据分别为温度和湿度，所以需重复一遍获取温度的操作来获取湿度，第四步，设置目标数据元素的个数，即为这个传感器一共收集了几个参数，本段代码收集到两个参数即为2。

 知识补充

· 设置传感器参数

RS485传感器支持一组特殊指令，可通过指令快速设置传感器波特率和地址，该指令的帧格式如下表所示。

表3-3-2　波特率和设备地址设置帧结构

固定帧1	固定帧2	固定帧3	波特率编号	设备地址编号	检验码
0×FD	0×FD	0×FD	0×XX	0×XX	0×XX 0×XX

波特率编号对应具体的通信波特，在本书所讲传感器中，所有485传感器波特率均为9600，波特率编号与对应波特率关系如表3-3-3所示。

表格3-3-3　波特率编号对应具体的通信波特率

编号	波特率
0	查询当前波特率
1	2 400
2	4 800
3	9 600

设备地址编号对应具体的通信地址，在本书所讲传感器中，各485传感器具有不同的地址编号，对应不同的传感器类型，具体对应关系如表3-3-4所示。

表3-3-4　设备地址编号对应具体的通信地址

编号	传感器	编号	传感器
0	查询当前通信地址	15	紫外线传感器
1	一体化气象站	16	液位传感器
2	温湿度因子	17	二氧化碳传感器
5	噪声传感器	18	烟雾传感器
6	风向传感器	22	智能电表
7	风速传感器	24	人体红外传感器
8	雨雪传感器	25	一氧化碳传感器
9	土壤综合传感器	26	中烷传感器
14	雨桶雨量传感器		

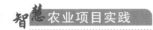

·查询传感器参数

使用特殊指令可以快速查询传感器的波特率和设备地址。查询未知传感器的通信波特率和通信地址的主机端问询帧结构如表3-3-5所示。

表3-3-5　主机端问询帧结构

固定帧1	固定帧2	固定帧3	波特率编号	设备地址编号	检验码
0×FD	0×FD	0×FD	0×00	0×00	0×E9 0×88

注意：使用特殊指令查询传感器波特率和通信地址时，因为当前传感器的波特率未知，所以当主机与传感器波特率不对应时，发送特殊指令问询时，主机无法接收传感器返回的数据，此时需要手动切换主机端波特率，直到能正常接收传感器返回 FD FD FD 开头的数据。具体操作流程如图3-3-8所示。

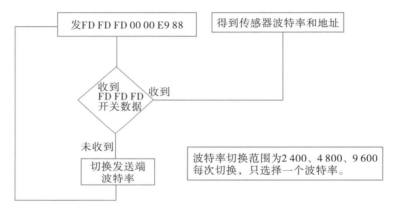

图3-3-8　查询传感器操作流程

收到查询帧后，传感器的应答帧格式如表3-3-6所示。

表3-3-6　传感器应答帧结构

固定帧1	固定帧2	固定帧3	波特率编号	设备地址编号	检验码
0×FD	0×FD	0×FD	0×03	0×11	0×29 0×74

当前传感器类型为0×11，即二氧化碳传感器，通信波特率为9 600。

·修改传感器参数

使用特殊指令可以快速修改传感器的波特率和设备地址。使用特殊指令修改传感器波特率和通信地址时，如果同时修改波特率和通信地址时，传感器不会返回修改结果，如果要检查修改是否正确，需要发送查询指令，传感器才会返回。

(1)修改波特率：以下帧结构用于修改二氧化碳传感器的通波特率为9 600，如表3-3-7所示。

表 3 - 3 - 7　主机端修改

固定帧 1	固定帧 2	固定帧 3	波特率编号	设备地址编号	检验码
$0 \times FD$	$0 \times FD$	$0 \times FD$	0×03	0×00	$0 \times E9\ 0 \times 78$

注意设备地址编号必须为 0，传感器才会返回数据。二氧化碳传感器的应答帧结构如表 3 - 3 - 8 所示。

表 3 - 3 - 8　传感器应答

固定帧 1	固定帧 2	固定帧 3	波特率编号	设备地址编号	检验码
$0 \times FD$	$0 \times FD$	$0 \times FD$	0×03	0×11	$0 \times 29\ 0 \times 74$

当前二氧化碳传感器，通信波特率修改为 9600。修改传感器的波特率后，如果主机继续发送特殊指令问询，主机将无法接收传感器返回的数据，需要手动切换主机波特率为 9 600，才能接收。

（2）修改设备地址：以下帧结构用于修改二氧化碳传感器的设备地址为 1，如表 3 - 3 - 9 所示。

表 3 - 3 - 9　主机端修改

固定帧 1	固定帧 2	固定帧 3	波特率编号	设备地址编号	检验码
$0 \times FD$	$0 \times FD$	$0 \times FD$	0×00	0×02	$0 \times 68\ 0 \times 49$

注意波特率编号必须为 0，传感器才会返回数据。二氧化碳传感器的应答帧结构如表 3 - 3 - 10 所示。

表 3 - 3 - 10　传感器应答

固定帧 1	固定帧 2	固定帧 3	波特率编号	设备地址编号	检验码
$0 \times FD$	$0 \times FD$	$0 \times FD$	0×03	0×02	$0 \times 68\ 0 \times b9$

当前二氧化碳传感器设备地址已修改为 2。

任务练习

1. 补全下列有关光照传感器数据的接收发送代码：

```
case _____:
  UserSensorDataNum = user_GetSensorData(0,&SensorData[UserSensorDataParNum]);
  if(_____)
    {
    /*step2 合并数据*/
  UserSensorIntData = _____;
  sprintf((char*)(UserSensorType[UserSensorDataNum].SensorShowData[0].SensorData),
"%d_____",UserSensorIntData);
  sprintf((char*)(UserSensorType[UserSensorDataNum].SensorShowData[0].SensorDetailsData)
"光强:%dLux_____ ",UserSensorIntData);
    }
      _____;
    UserSensorType[UserSensorDataNum].SensorCategory = _____;
    UserSensorType[UserSensorDataNum].SensorChangeStatus = _____;
    _____;
```

考核技能点及评分方法

智能灌溉系统集成和应用考核技能点及评分方法

序号	工作任务	考核技能点	评分方法	分值	得分
1	安装调试智能灌溉系统	能安装不同类型的传感器模块	安装不同类型的传感器模块与试验台上并安装与之对应的 Smart NE 节点	10分	
		能调试不同类型的传感器模块	调试已经安装完成的传感器与 Smart NE 节点	20分	
2	实现智能灌溉云平台数据分析	能创建设备与产品	能够熟练掌握设备与产品的创建	10分	
		能创建智慧农业灌溉监控大屏	能够熟练使用智慧农业灌溉模块监控大屏，并能熟练创建智慧农业灌溉模块监控大屏	10分	
		能实现智能农业移动灌溉系统	能够熟练使用智慧农业灌溉模块移动监控应用，并能熟练创建智慧农业灌溉模块移动监控应用	10分	
		能实现智慧农业业务逻辑设计	能够熟练使用智慧农业灌溉模块逻辑设计，并能熟练设计出智慧社区钉钉消息提示	10分	

续表

序号	工作任务	考核技能点	评分方法	分值	分数
3	调试网关代码	能定义宏	能够直接在代码中使用宏定义名称表来书写对应代码	10分	
		能接收并处理光照传感器上传的数据	能够参照标准编写代码网关端接收并处理光照传感器数据	10分	
		能接收并处理温湿度传感器上传的数据	能够参照标准编写代码网关端接收并处理温湿度传感器数据	10分	
总分				100分	

项目习题

一、选择题

1. 要获取"物体的实时状态怎么样?""物体怎样了?"此类信息,并把它传输到网络上,就需要(　　)。

A. 计算技术　　　　B. 计算技术　　　　C. 识别技术　　　　D. 传感技术

2. 用于"嫦娥2号"遥测月球的各类遥测仪器或设备、用于住宅小区保安之用的摄像头、火灾探头、用于体检的超声波仪器等,都可以被看作是(　　)。

A. 传感器　　　　B. 探测器　　　　C. 感应器　　　　D. 控制器

3. 传感器已是一个非常(　　)概念,能把物理世界的量转换成一定信息表达的装置,都可以被称为传感器。

A. 专门的　　　　B. 狭义的　　　　C. 宽泛的　　　　D. 宽泛的

4. 传感技术要在物联网中发挥作用,必须具有如下特征:传感部件(或称传感触点)要敏感、型小、节能。这一特征主要体现在(　　)上。

A. 芯片技术　　　　　　　　　　B. 微机电系统技术

C. 无线通信技术　　　　　　　　D. 存储技术

5. M2M技术的核心理念是(　　)。

A. 简单高效　　　　B. 网络一切　　　　C. 人工智能　　　　D. 智慧地球

6. 下列不属于职业道德的构成要素的是(　　)。

A. 职业的责任心　　　　　　　　B. 职业的业务能力

C. 职业的理想信念　　　　　　　D. 职业的可持续性

7. 在云计算平台中,(　　)平台即服务。

A. IaaS　　　　B. PaaS　　　　C. SaaS　　　　D. QaaS

8. 在云计算平台中,(　　)基础设施即服务。

A. IaaS　　　　B. PaaS　　　　C. SaaS　　　　D. QaaS

二、判断题

1. 物联网是新一代信息技术，它与互联网没任何关系。（　　　）

2. 物联网就是物物互联的无所不在的网络，因此物联网是空中楼阁，是目前很难实现的技术。（　　　）

3. 能够互动、通信的产品都可以看作是物联网应用。（　　　）

4. 物联网一方面可以提高经济效益大大节约成本，另一方面可以为全球经济的复苏提供技术动力。（　　　）

5. 全球定位系统只有卫星星座和地面监测两部分。（　　　）

6. 基带信号是指没有转换过的信号。（　　　）

7. 传感器网络是大量移动着的传感器以自组织的方式的有线网络。（　　　）

8. 物联网就是互联网的新称呼。（　　　）

三、操作实践题

完成智慧农业灌溉模块的联合调试，请使用土壤 pH 传感器、液位传感器、直流水泵组成智慧农业灌溉模块项目，在正确安装完之后关联物联网平台下的设备，把所有数据上传云端，在 PC 端制作 Web 可视化界面、移动应用端界面，Web 端和移动端均要实现可以实时收到数据并控制执行器，同时完成数据的运维监控和利用钉钉机器人推送提示消息的操作。具体要求如下：

1. 在物联网应用平台创建产品与设备，产品命名为"农业灌溉"，设备命名为"Irrigation"，并为产品设备添加物模型；

2. 在物联网应用平台，新建 Web 可视化界面，界面名称为"智慧灌溉可视化界面"，通过基础控件文件、卡片，通过控制组件中的开关控件等组件实现农业灌溉模块的数据显示以及控制水泵的开关；

3. 在物联网应用平台，新建移动可视化界面，界面名称为"农业灌溉移动可视化"，通过基础控件文件、卡片等组件实现移动端的农业灌溉控制；

4. 在物联网应用平台新建时序透视，时序透视命名为"农业灌溉监控"，将农业灌溉的数据通过时序透视图实现农业灌溉的监控与运维；

5. 完成钉钉机器人推送提示消息，当液位传感器检测到液位过低时，用钉钉机器人推送给制定人员关于液位过低的提示。

参 考 文 献

1. 李道亮. 农业物联网导论［M］. 科学出版社，2012.

2. 何勇，聂鹏程. 农业物联网技术及其应用［M］. 科学出版社，2016.

3. 杨得新，陈湘辉. 计算机网络基础［M］. 上海交通大学出版社，2016.

4. 熊航. 智慧农业概述［M］. 中国农业出版社，2021.

5. 黄伟锋，朱立学. 智慧农业测控技术与装备［M］. 西南交通大学出版社，2021.

6. 李联宁. 物联网技术基础教程［M］. 清华大学出版社，2020.